Jesús González González

GRAFOLOGÍA

Análisis de Firmas: significado y terapia

Manakel
Madrid 2005

3ª edición: noviembre de 2009

Ibáñez Marín, 11 - 28019 Madrid
Tef y fax: 91 4729071
info@editorialdilema.com
www.editorialdilema.com
ISBN: 84-96079-24-4
Depósito legal: SE-2171-2005-EU

Maquetación: Magda Cristina Vargas del Valle
Portada: María Pérez-Aguilera
Impresión: Reprográficas Malpe, S.A.

A mi mujer, María;
a mis hijos, Alberto y Alejandro

INDICE

INTRODUCCIÓN

No puedo por menos que decir que a la Grafología, no se la está tratando como se merece. Esta Ciencia-Arte, nos permite abordar el estudio de los planos más profundos de la personalidad humana, y con ello conocernos y, en consecuencia auto perfeccionarnos, y la gente todavía no es consciente de ello...

En el "Anexo" de esta Obra podemos encontrar un Trabajo que realicé cuándo me encontraba estudiando en la Universidad Autónoma de Madrid, denominado "la proyección de la Grafología al Departamento de Personal de la Empresa", en el que profundizo en el estudio de este Arte, y por ello considero que no debo extenderme más en este Apartado. Además existen varios Libros editados relativos a este campo, los cuales he utilizado como fuentes, y que citaré en la Bibliografía.

Llevo estudiando grafología más de 16 años, y durante los mismos he realizado cientos de Análisis Grafológicos, dándome la enhorabuena en el 100% de los estudios.

Pues bien, en este Libro, pretendo enseñar a conocer al lector a analizar todo tipo de firmas, ya que en él, aparecen firmas de lo más variado. En ellas podemos encontrar los defectos que tanto perjudican y abruman a las personas, como por ejemplo el orgullo, el engreimiento, la vanidad, la codicia, la maldad, la envidia, los complejos de superioridad/inferioridad etc. también ¡cómo no!, las virtudes, como la bondad, la nobleza, la ternura, la imaginación, la inteligencia, la creatividad, las dotes de mando, la versatilidad, las capacidades volitivas, etc...

Algunas de ellas se encuentran numeradas en dos apartados diferentes, y la razón es obvia, aparte del rasgo principal que caracteriza a la firma, también existen otros aspectos dignos de tener en cuenta.

ESTRUCTURA DE LA FIRMA

Tomaremos como referencia el lugar donde se inserta la parte izquierda de la letra inicial del nombre, y a partir de ahí, podemos trazar un eje de coordenadas imaginario. (el eje vertical las "Y" u ordenadas, y en el eje horizontal las abcisas, "X").Pues bien de este modo podemos iniciar el análisis de la firma.

Cada firma representa una ecuación matemática, de la cual se pueden extraer muchas conclusiones. Veamos ahora algunas de ellas:

En la parte izquierda, a partir de la inicial del nombre, se representa el pasado, la familia, y en particular la Madre. El cuerpo central de la firma representa el presente, el yo cotidiano. En cuanto al nombre representa el "yo" familiar, (aunque también, en ocasiones puede significar el yo social). El apellido representa el "yo" social, es decir cómo nos proyectamos en sociedad.

El presente se acaba cuándo terminamos de escribir las letras que componen el apellido, y a partir de la última letra comienza el futuro, del que me ocuparé más adelante.

La parte superior de las letras refleja la proyección filosófico-místico-espiritual del individuo, y por último, la zona inferior, que representa las tendencias hacia lo prohibido, los placeres de la vida, el buen vino, la buena mesa, el sexo, etc.

Para una mayor información sobre los extremos que anteceden, pueden consultar la magnífica Obra del Profesor D. Mauricio Xandró denominada Grafología Superior, de la Editorial Herder de Barcelona.

A partir de ahora entraremos ya a realizar Análisis de firmas, en unos casos el Análisis se realizará de forma muy sencilla, toda vez que, lo importante es ir aprendiendo, de cada una de ellas dos o tres gestos gráficos que destacan del resto. Pero antes veamos otros aspectos importantes de la Grafología.

La experiencia que he obtenido en más de dos décadas de estudio, me indica que, en cada firma se observa algo genuino y original, y como ya he apuntado anteriormente, los defectos humanos hacen que, algunas personas sean completamente desgraciadas, y no se percatan de ello, porque, simple y llanamente no se conocen, y en consecuencia, cometen graves errores, con unas repercusiones, en algunos casos trascendentales...

Pero para ello está este libro, para conocernos, y en consecuencia autoperfeccionarnos. En el mundo actual en que vivimos ¿quién no tiene algún tipo de problemas?, el hombre nace libre, pero por doquier se siente encadenado (JJ Rouseau), y en muchos casos, estas cadenas son de tipo familiar, sobre todo la familia política, también con los Jefes, los Subordinados, compañeros, vecinos, etc.

Pero puedo decir sin temor a equivocarme que todo ello puede cambiar radicalmente, si hacemos caso a las recomendaciones de este Libro...

Todos hemos oído hablar en algún momento de la Grafoterapia. Este tratamiento consiste en que, a través de la modificación de diversos gestos gráficos de la escritura, podemos alcanzar sustanciales mejoras, tanto a nivel psíquico, como físico. Pero este "Asunto" ***tan importante como complejo*"** lo dejaremos para el final del Libro.

1

LOS COMPLEJOS DE INFERIORIDAD

Hace algún tiempo leí y posteriormente estudié a fondo una magnífica Obra del Profesor Mauricio Xandró, denominada "los complejos de inferioridad en la escritura, posteriormente adquirí el Libro titulado "Grafología y complejos", los cuales aconsejo a todo el mundo que los lea. El Profesor Xandró me firmó los dos, pero en el segundo insertó que era sin duda su mejor Obra, en la misma, podemos contemplar lo siguiente: según Adler ***"se agrupan en la denominación de SENTIMIENTOS DE INFERIORIDAD, todas las emociones deprimentes, principalmente recibidas de la niñez y que arraigan en la conciencia, creando un clima e inseguridad, temor a la vida, angustia e impidiendo por ello en normal desenvolvimiento de la personalidad.***

Estas emociones deprimentes, pueden ser por ejemplo, el sentirse agobiado por tener la nariz aguileña, o por ser tartamudo como mi caso, o ser obeso, o muy delgado, o mal parecido, o por pronunciar incorrectamente, o por sentirse un inútil (también como mi caso), etc. etc.

Pero existe otra reflexión de Alder que dice lo siguiente: ***¿Quién duda seriamente de que para el individuo humano, tan mal dotado por la madrastra naturaleza, la sensación de inferioridad es una verdadera bendición que sin cesar le impulsa hacia una situación de "plus" o super, hacia la seguridad, hacia la superación?***

Como acabamos de observar el sentimiento de inferioridad nos puede servir de palanca, trampolín, o energía propulsora en aras de conseguir la autorrealización, y cómo se llega a esto, pues muy fácil, liberándonos poco a poco de todos nuestro defectos, (con sólo pensar en ellos pierden energía...)

Veamos ahora algunos de los defectos más importantes en los siguientes capítulos...

2

FIRMAS Y COMPLEJOS DE INFERIORIDAD

A partir de ahora, vamos a tratar de observar donde se encuentran escondidos los complejos de inferioridad en las firmas, y al mismo tiempo analizaré los rasgos más representativos de las mismas.

Pero veamos el punto de arranque de la inferioridad: Cuándo nacemos no nos desprendemos del cordón umbilical de nuestra Madre hasta mucho tiempo después. Madre e Hijo permanecen unidos durante mucho tiempo... Nos sentimos impotentes a la hora de hacer frente al mundo que nos rodea, y ese sentimiento, en algunos casos inconscientemente nunca se supera... He observado que, a la hora de pedir una firma a una persona que padece este sentimiento, y le he instado a que no la envolviera con el trazo final. Respuesta: "**me falta algo**...", y ese algo... es el sentimiento de inferioridad... Es cómo si inconscientemente necesitáramos el apoyo de nuestra Madre...

Pasemos ya a analizar este tipo de firmas:

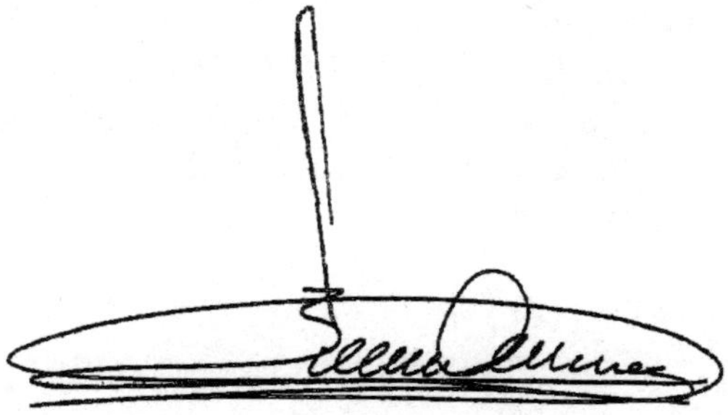

FIGURA Nº 1: El complejo de inferioridad se puede observar en la línea que envuelve a toda la firma, pero ya se empieza a superar, toda vez que las líneas que conforman la parte izquierda de la firma son derivables matemáticamente hablando. Pero no sólo se puede analizar este complejo. En esta firma destacan otros detalles dignos de tener en cuenta. Por ejemplo, el conjunto de líneas que aparecen a la izquierda de la primera letra, sobre el eje de abcisas representan el pasado. A todos, en nuestro pasado nos han ocurrido hechos, sucesos, acontecimientos, que ha resultado nocivos para nuestro desarrollo personal. La perdida de un ser querido, un despido laboral, la ruptura con la pareja, los traumas ya apuntados anteriormente, la delicada situación económica de la Familia, etc..., todos ellos se encuentran reflejados en la zona anteriormente mencionada, y hasta que desaparezcan completamente estos trazos, el problema persistirá...

También se observa una firma en la que predomina la horizontalidad. La horizontalidad en una firma significa deseos de "autorrealización", es decir, la búsqueda de la superioridad. Además es digno de mención la gracia de la primera inicial, lo cual representa ciertas dosis de creatividad e imaginación. Por otra parte, se observa que, tanto el nombre como el apellido están unidos, lo que evidencia que esta persona no tiene dividida su estructura social y familiar, es como un todo y para ella el trabajo es una continuación de la vida familiar. Y por último, la firma es ilegible, lo cual denota crisis de identidad, de lo cual me ocuparé más adelante.

FIGURA Nº 2: En esta firma volvemos a observar la línea envolvente, pero en este caso, todavía no se ha comenzado a superar el pasado, toda vez que, si observamos el "arpón" que aparece en la parte inferior izquierda de la firma, ello denota que la persona esta en guardia ante los diversos acontecimientos hirientes que le han sucedido, y que, bajo ningún concepto quiere que se vuelvan a repetir...

Así mismo se observa que el primer monte de la "M", es más alto que los demás, en consecuencia, esto significa que, la persona, interiormente se cree que está por encima de los demás. Finalmente observamos que la parte final de la firma es moderadamente ascendente lo que significa un moderado optimismo interior...

FIGURA Nº 3: Aquí podemos observar un gran complejo de inferioridad, ya que la firma esta envuelta por dos líneas casi concéntricas. También se pueden apreciar ciertas dosis de orgullo derivadas de la forma de la inicial.

Por último podemos ver que la "J", está un poco separada del resto de las letras, lo que significa que la persona se siente un poco en soledad (en este caso, pudiera ser porque los cinco hijos se han ido de casa, por motivos de matrimonio...)

FIGURA Nº 4: Esta firma corresponde al Autor del Libro y data de antes del año 2.002. En ella se observa la línea envolvente, lo que evidentemente, a tenor de lo ya explicado, significa un complejo de inferioridad no superado, es decir, una gran dependencia materna. Se puede observar también como tachan el nombre varias líneas. En cuánto al significado de este matiz, ya lo estudiaremos más adelante, pero como aperitivo, y en mi caso particular, significaba descontento conmigo mismo debido a los múltiples defectos que yo tenía, como por ejemplo, y el que más me ha agobiado desde la adolescencia: la tartamudez, esto no se lo recomiendo a nadie, ustedes se imaginan lo que es intentar expresarse oralmente y no poder. Se siente una impotencia total... La tartamudez puede ser clónica o tonico-clónica, pues bien, en mi caso las tenía las dos... Ello fue debido a las constantes comparaciones que hacían las personas de mi entorno entre mi Hermano mayor y unido al complejo de inferioridad formó un coktail que me ha amargado durante gran parte de mi existencia, pero afortunadamente, gracias a la grafología lo he superado casi en su totalidad. (Al final del Libro explicaré cómo lo he conseguido)

FIGURA Nº 5: Aquí vemos un pasado muy tortuoso (fijémonos en la horquilla en forma de arpones de la parte izquierda de la firma). Vemos también la línea envolvente famosa, y además entre las letras de la firma dos líneas paralelas, lo cual denota que a esta persona la gusta que la marquen el camino, disminuyendo por consiguiente su propia iniciativa.

FIGURA Nº 6: Aquí el complejo de inferioridad se circunscribe sólo a la parte mas intrínseca de la personalidad, como podemos apreciar la línea que envuelve a la "J". Por lo demás esta firma representa a una persona con habilidades diplomáticas y una gran creatividad y originalidad.

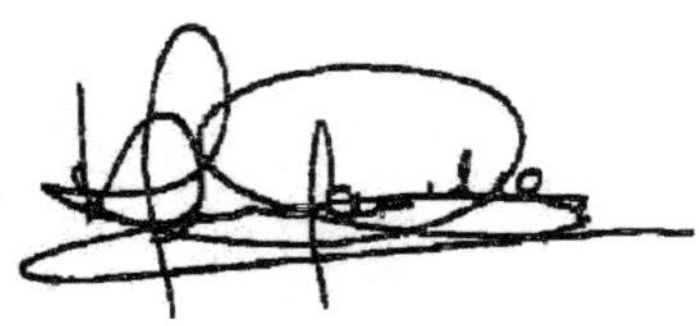

FIGURA Nº 7: Personalidad completamente descontenta consigo misma, en consecuencia la gustaría mejorar en muchos aspectos. También se aprecia una crisis de self, que la veremos más adelante.

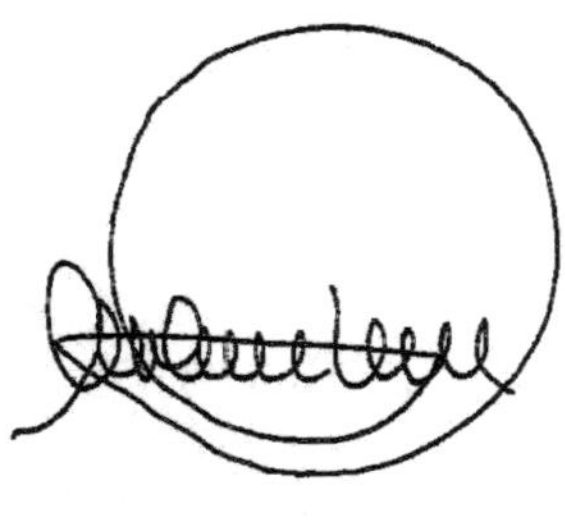

FIGURA Nº 8: Observamos un círculo casi perfecto. La curva, como dice mi apreciado Profesor Xandró es símbolo representativo de la imaginación, pero también de originalidad. En el caso que nos ocupa el escritor tiene un gran complejo de inferioridad, pero en su dinámica laboral destaca por lo apuntado anteriormente, aunque al invadir el texto, sobre el cual escribe, denota que no está completamente satisfecho con el mismo. Por otro lado, también se observa que la persona, como quiera que se tacha, no esta conforme consigo mismo, aparte de la crisis de identidad que padece, por ser una firma ilegible.

FIGURA Nº 9: Complejo de inferioridad, crisis de identidad, pasado no superado y demasiado empeño hacia el futuro, con lo cual no se vive el presente intensamente, porque se pierde mucha energía...

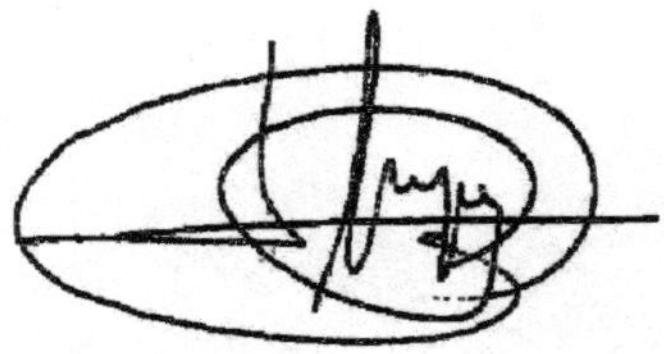

FIGURA Nº 10: Complejo de inferioridad muy acentuado (dos curvas envolventes). Veamos ahora la inicial. Con ella se rubrica el primer trazo antes de firmar, y ello significa, el lanzar una mirada al porvenir y en consecuencia organizar y planificar. El primer monte del apellido es muy superior al resto, lo que denota que se considera muy por encima de los demás. Por último pasado muy doloroso.

FIGURA Nº 11: Complejo de inferioridad. Mucha imaginación y creatividad, si bien se aprecia cierto aislamiento familiar (véase la separación de la "M" inicial respecto al resto de las letras), y finalmente falta de dialogo con la pareja a nivel sexual.

FIGURA Nº 12: Complejo de inferioridad, cierto orgullo (letra "C" un poco grande comparada con el resto), y finalmente se observa ciertas dosis de egoísmo, pero volcadas en el plano laboral, con objeto de poder conseguir los objetivos establecidos por sus superiores.

FIGURA Nº 13: Complejo de inferioridad, descontento consigo mismo en los planos más profundos de la personalidad, cierto aislamiento social, y sobre todo, unas enormes capacidades volitivas (esto se observa en la barra de la "T" que está separada del palo vertical y es muy larga).

FIGURA Nº 14: Complejo de inferioridad, descontento consigo misma, creatividad, puntualidad (puntos delas "i" bien situados), y problemas por motivo de su terquedad (barra de la "T" mirando hacia abajo).

FIGURA Nº 15: La línea es envolvente excepto en su parte derecha, con lo que se presume que pronto se superará. Tiene unas conexiones entre las letras muy originales, lo que denota una gran capacidad creativa, gracia y naturalidad.

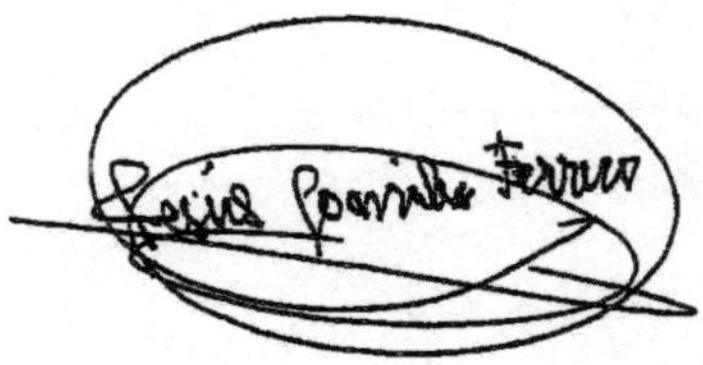

FIGURA Nº 16: Un gran complejo de inferioridad, un pasado muy doloroso, descontento consigo mismo, tendencias asociales (véase la inclinación de las letras hacia la izquierda), reserva, buena canalización de la energía (véanse las formas de las "r".

FIGURA Nº 17: Gran amor hacia su madre, descontento consigo misma así como con su estatus social. Excelente trabajadora con una capacidad de trabajo fuera de lo común, el pasado se empieza a superar (la función de la izquierda ya es derivable).

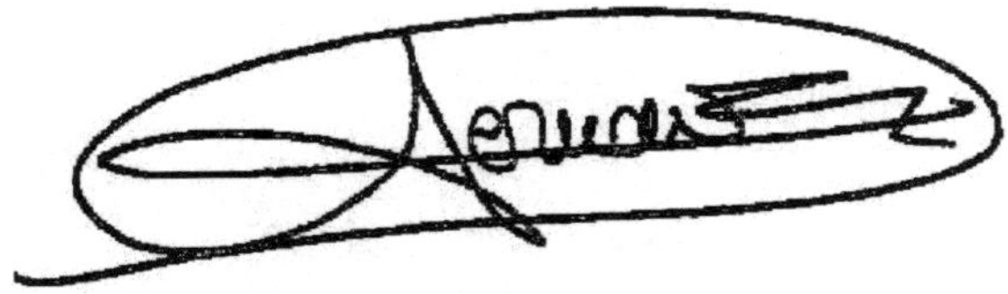

FIGURA Nº 18: Complejo de inferioridad, el pasado está a punto de empezar a superarse, buena canalización de la energía, desafío hacia el futuro (esto se aprecia en las líneas que se encuentran detrás de la última letra).

FIGURA Nº 19: Líneas envolventes... C.I... (en lo sucesivo complejo de inferioridad). Una desgarradora situación laboral (véase como se tacha el apellido una y otra vez...), y por último aislamiento familiar (la "D" se encuentra un poco separada de las demás letras).

FIGURA Nº 20: C.I. y una gran separación entre la estructura familiar y social.

FIGURA Nº 21: C.I., un gran orgullo, gran optimismo, y descontento con la situación familiar y social.

FIGURA Nº 22: C.I., le gusta que le marquen el camino, y la planificación de la estructura del trabajo. Pasado no superado.

FIGURA Nº 23: C.I. Descontento con su estatus social, creatividad, originalidad.

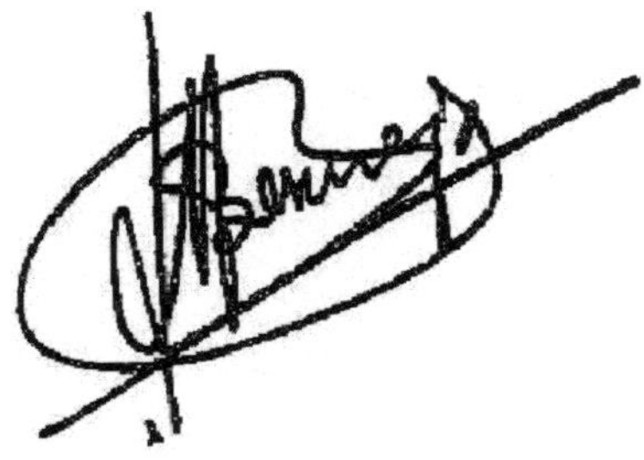

FIGURA Nº 24: C.I. Gran tensión en el plano familiar (véanse lo apretadas que están las letras del nombre). Descontento socio-profesional. Pasado no superado y desafío hacia el futuro.

FIGURA Nº 25: C.I .Originalidad y creatividad. Aislamiento familiar y social. Descontento con la situación socio-profesional. Deseos de autorrealización (esto se observa en el predominio de la horizontalidad de la firma).

FIGURA Nº 26: C.I. Descontento con los planos más profundos de la personalidad (véanse como se tacha el nombre), y también descontento sociolaboral. Esta persona por otra parte posee unas cualidades volitivas excepcionales, una gran precisión en las tareas que ejecuta y una gran versatilidad. Desafío hacia el futuro.

FIGURA Nº 27: C.I., descontento social.

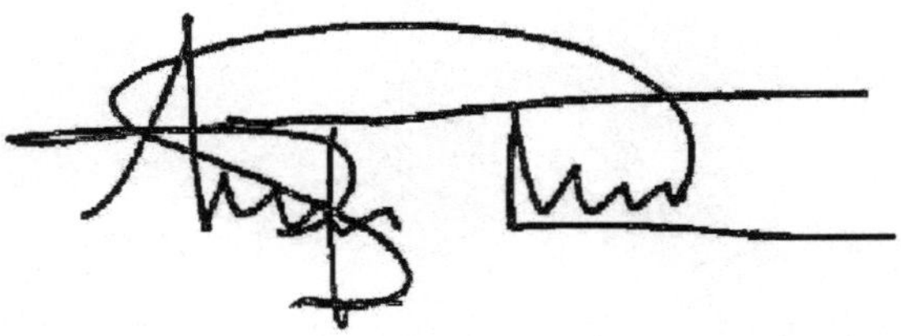

FIGURA Nº 28: C.I., descontento con el plano familiar. Alto concepto de si mismo en lo familiar y en lo socio-profesional, (obsérvense los primeros montes de la "M"). Separación entre el entorno familiar y el plano social.

FIGURA Nº 29: Buena canalización de la energía, C.I. y descontento social.

FIGURA Nº 30: C.I. La persona se siente inferior íntimamente a los otros, esto se puede observar en el primer monte de la "M" que es de mucho menor tamaño que el segundo. Crisis de identidad.

FIGURA Nº 31: Obsérvese la originalidad de hacer la "M", es increíble esta persona, tiene unas capacidades imaginativas muy desarrolladas, lo que le hacen ser un buen candidato para la ejecución de todos los trabajos relacionados con todo tipo de artes. C.I. y descontento social.

FIGURA Nº 32: Embrollo personal íntimo y separación del "Yo" íntimo y profundo del "Yo" social (véase la separación que existe entre el nombre y los apellidos).

FIGURA Nº 33: C.I., pasado superado, las funciones matemáticas ya son derivables. Se siente muy superior a los que le rodean.

FIGURA Nº 34: C.I.,originalidad, descontento social, (véase como existe una línea que tacha completamente el apellido).

FIGURA Nº 35: C.I. pasado superado, pero aquí encontramos un detalle digno de tener en cuenta, y es la forma de la "P", es como si se quisiera arrancar algo del pasado, pero el tiempo es inexorable, y todos sabemos que eso es imposible, sin embargo en el subconsciente aún perdura este sentimiento. Persona muy intuitiva (véanse las letras separadas...).

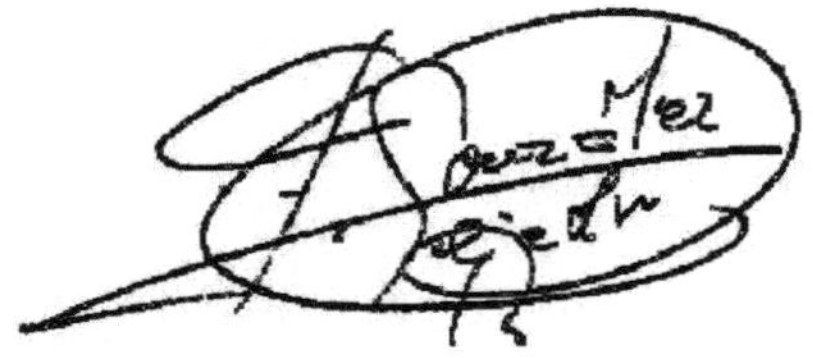

FIGURA Nº 36: C.I., pasado muy doloso, está en guardia con el fin de impedir que terribles acontecimientos vuelvan a repetirse... Fantasía y originalidad.

FIGURA Nº 37: Rubrica la inicial antes de desarrollar el resto de la firma: capacidad de lanzar una mirada al porvenir y evaluar las diferentes modos de ejecución de las diversas tareas. Descontento socio-laboral. Desarrollo de la imaginación, de la mirada a lo filosófico- místico-espiritual.

FIGURA Nº 38: C.I. además muy pronunciado (véanse las diversas elipses que envuelven al nombre). A esta persona le gusta que le guíen, que le fijen los objetivos tanto familiares como profesionales. Vacío en el plano socio-profesional, (véase la zona de la derecha de las letras cómo está vacía. Al mismo tiempo se observa desafío ante el futuro y pasado muy doloroso, y por último gran optimismo (véase la inclinación de la firma...)

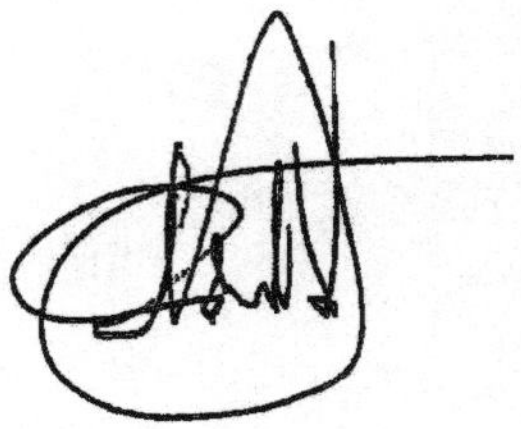

FIGURA Nº 39: C.I. pasado superado y crisis de identidad.

FIGURA Nº 40: C.I., intima relación ente lo familiar y lo social (véase como la letra inicial está literalmente pegada al apellido), pasado no superado, y desafío ante el futuro.

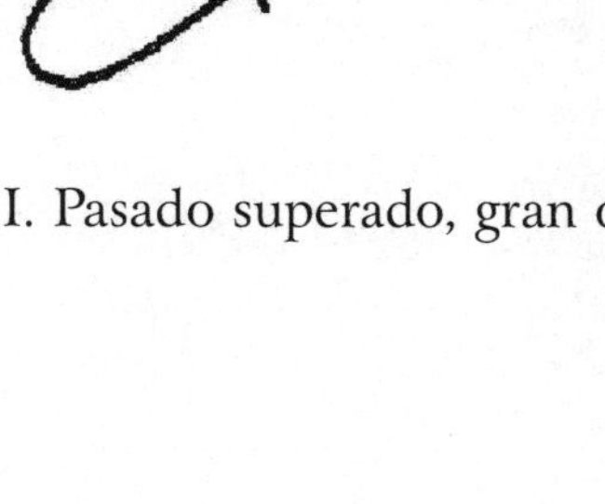

FIGURA Nº 41: C. I. Pasado superado, gran optimismo y crisis de identidad.

FIGURA Nº 42: Esta firma corresponde a un niño de 7 años, y aunque todavía no la tiene envolvente, en la parte inferior se observan varios trazos confusos que denotan que tiene muchas zonas erróneas o agregados psíquicos.

FIGURA Nº 43: C.I., Orgullo, grandes dotes imaginativas, pasado superado.

FIGURA Nº 44: C.I., se observa que los dos montes de la letra "M" inicial tiene prácticamente el mismo tamaño, lo cual denota compañerismo, pasado en fase de superación, descontento con el plano familiar, y desafío hacia el futuro.

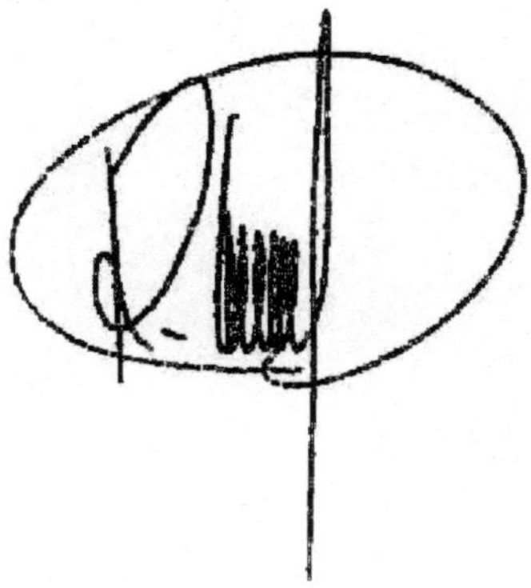

FIGURA Nº 45: C.I., orgullo de la posición social, no existe respiro en el plano laboral (véase la tensión de las letras del apellido), pasado superado aunque no olvidado y equilibrio entre la autoafirmación y la autorrealización.

Con la firma de la figura nº 45 hemos terminado el estudio de las firmas con complejo de inferioridad, esto es, las firmas envolventes. El siguiente paso será el estudio de las firmas que expresan "orgullo". Espero que el lector después de todo lo que he abundado en este estudio, sea capaz de, a partir de ahora, analizarlas por si mismo en todos sus planos: íntimos y profundos, familiares, y socio-profesionales.

3

LAS FIRMAS Y EL ORGULLO

El orgullo se observa en las firmas en el tamaño de las letras, sobre todo de las iniciales. El orgullo según los diferentes diccionarios que he consultado significa arrogancia, vanidad,, exceso de estimación o amor propio. A veces es disimulable por nacer de causas nobles y virtuosas.(Real Academia de la Lengua), También según el Diccionario Enciclopédico Larousse significa: exceso de estimación propia por la que uno se cree superior a los demás, o bien gran satisfacción por algo propio y personal que uno mismo considera digno de mérito. Respecto al Diccionario María Moliner significa sentimiento de satisfacción de alguien por cosas propias que considera superiores a las de otros. Pero en relación con el Libro que nos ocupa, la persona orgullosa lisa y llanamente se siente superior a los demás.

La vanidad no es lo mismo que el orgullo. Pero ya me ocuparé de este defecto en un próximo capítulo.

Figura nº **45 bis:** En esta firma podemos ver el tamaño desmesurado de la "A" inicial. Esta persona se considera muy superior a cuantos le rodean, tiene el pasado superado, aunque no olvidado. Tiene grandes dosis de creatividad, esto se manifiesta en las curvas que aparecen el final de la "A". Crisis de identidad y desafío ante el futuro.

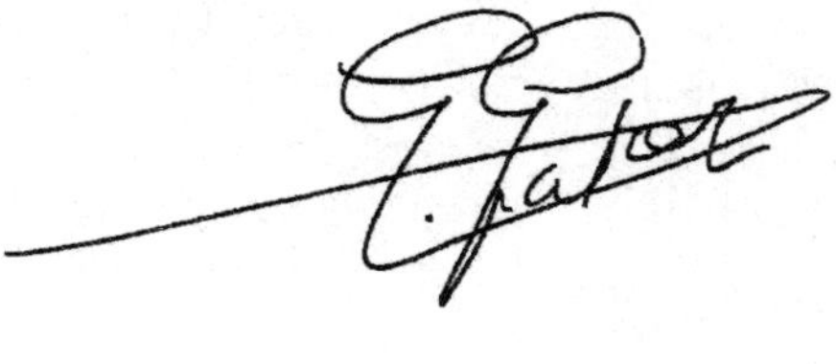

Figura nº **46:** Desprecio altivo hacia los demás, pasado no superado, descontento consigo mismo, en consecuencia le gustaría que se produjeran cambios tanto en lo personal como en lo social. Desafío ante el futuro.

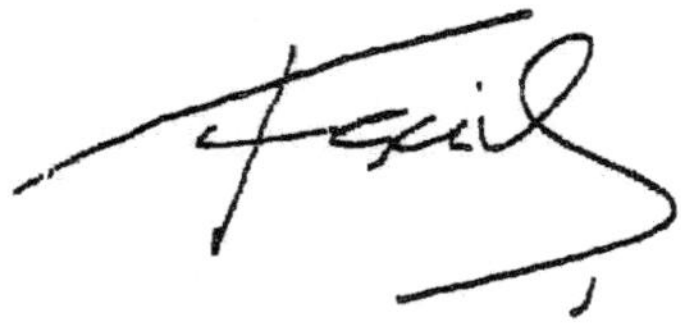

FIGURA Nº 47: Pasado superado, extraordinarias dotes de mando (véase el tamaño de la línea superior de la "F"). Desafío ante el futuro.

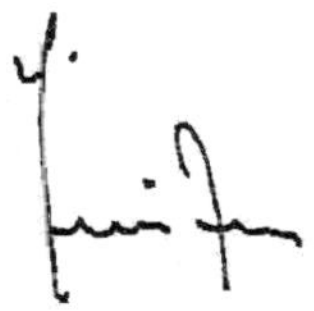

FIGURA Nº 48: Persona muy orgullosa sobre todo en el plano familiar. Inteligencia, crisis de self, pasado superado, y se vive el presente intensamente. (no existen trazos antes de las letras ni tampoco después).

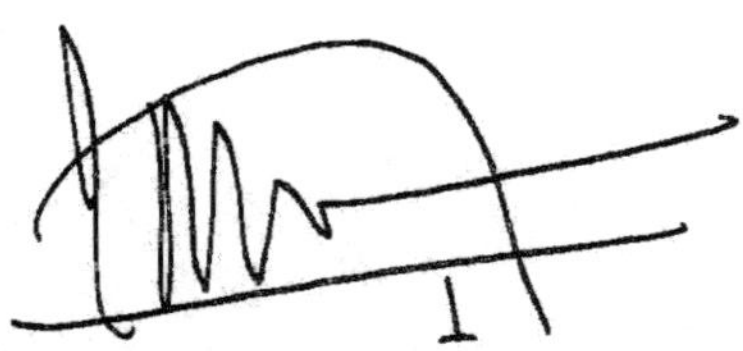

FIGURA Nº 49: Orgullo, la persona se siente superior a como se manifiesta, personalidad enérgica (escritura angulosa), aislamiento social. C. de I. Grandes dotes intelectuales. La persona no vive el presente con la intensidad que debería hacerlo. No siente el placer de vivir el día a día, toda vez que está muy preocupada por su proyección de futuro. Firma ilegible realizada rápidamente: capacidad de proyectarse en un gran campo de acción (Muñoz Espinalt). Buena salud, (escritura de presión fuerte)

FIGURA Nº 50: Existe una gran resolución del "Yo", la persona lanza una mirada al porvenir, y en consecuencia tiene la capacidad de analizar la planificación más idónea. Pasado no superado, y desafío ante el futuro.

FIGURA Nº 51: Gran orgullo, aislamiento familiar, pasado no superado y crisis de identidad. Gran capacidad creativa, mirada despectiva hacía su entorno y grandes dotes intelectuales.

FIGURA Nº 52: Orgullo, arrogancia, finura intelectual, pasado superado. Se vive el presente intensamente, capacidades creativas y crisis de identidad.

FIGURA Nº 53: Escritura sobrealzada, aires principescos, pasado no superado y doloroso, desafío ante el futuro. Crisis de identidad.

FIGURA Nº 54: Aquí observamos un desmesurado tamaño de la letra inicial, complejo de inferioridad, pasado superado, crisis de identidad, separación entre el plano familiar y el plano social.

FIGURA Nº 55: Deseos constantes de autoafirmación, desafío ante el futuro, crisis de self.

FIGURA Nº 56: Aires principescos, (véanse la complicación y el tamaño de las iniciales), complejo de inferioridad, pasado no superado, descontento consigo mismo y crisis de sefl.

FIGURA Nº 57: Grandes dosis de orgullo, complejo de inferioridad y descontento consigo mismo.

FIGURA Nº 58: Observemos el desmesurado tamaño de la "A" inicial = orgullo. Pasado superado, desafío ante el futuro y crisis de identidad.

FIGURA Nº 59: Gran tamaño de las letras iniciales = orgullo, descontento consigo mismo. Pasado no superado, desafío ante el futuro. Equilibrio entre la auoafirmación y la autorrealización.

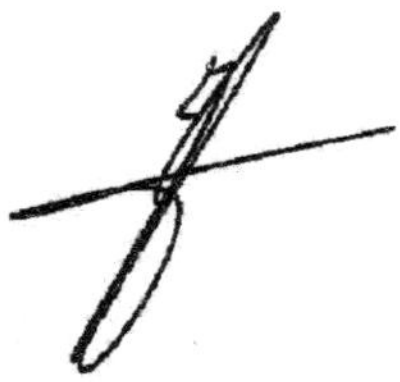

FIGURA Nº 60: Crisis de identidad, deseos de autoafirmación, pasado no superado y desafío ante el futuro.

FIGURA Nº 61: Gran concepto del "Yo". Es mejor ser su amigo que su enemigo. Firma ilegible trazada con rapidez: personalidad capaz de proyectarse en un gran campo de acción. Crisis de identidad. El pasado y el futuro no preocupan por consiguiente se vive el presente intensamente. El potencial intelectual está muy desarrollado

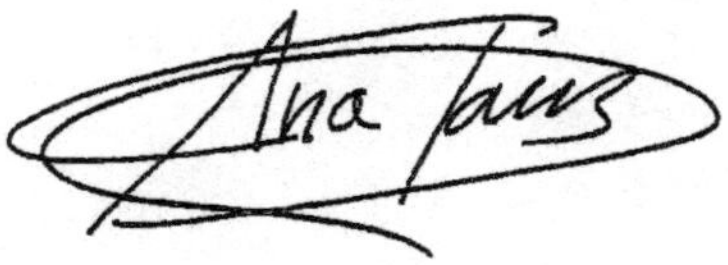

FIGURA Nº 62: Complejo de inferioridad, Orgullo (véase el tamaño de la "A"). El pasado se comienza a superar (las funciones de la "X" negativa son derivables). Don de gentes, portentosas dotes intelectuales (véase la simplicidad de la "S" del apellido); cuanto más simples son las letras de la firma de una persona más denotan el potencial intelectivo. Se vive el presente intensamente.

FIGURA Nº 63: Gran autoconcepto de uno mismo. No existe diferencia entre lo personal y lo socio-laboral (las letras del nombre permanecen unidas a las del apellido). Capacidades imaginativas y creativas. Deseos de autorrealización más que de autoafirmación, elevado nivel cultural. Deseos de cambio (letras confusas, con tachaduras)

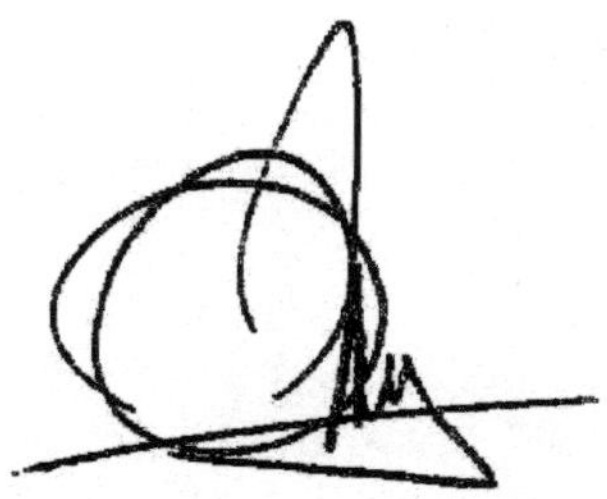

FIGURA Nº 64: Gran reserva hacia el pasado, por cierto muy doloroso. Se cree muy superior a los demás, desafío al futuro, sufrimiento interior.

FIGURA Nº 65: Orgullo, se cree muy superior a los demás, (aparte del tamaño de la letra inicial obsérvese el tamaño del primer monte de la "M". Descontento consigo. Buenas capacidades volitivas (barra de la "T" larga y hacia adelante). Separación entre los planos personal y social (separación entre el nombre y el apellido), y finalmente se observa un moderado optimismo.

FIGURA Nº 66: Orgullo, crisis de identidad, se vive el presente intensamente. Personalidad capaz de proyectarse en un gran campo de acción.

FIGURA Nº 67: Aislamiento en el plano familiar. Inteligencia, creatividad, deseos de autorrealización y una gran capacidad erótico-sexual (este extremo se observa en las curvaturas inferiores de las letras, sobre todo en la "g") Buena conexión con la pareja, (letra "g" unida a la siguiente). Se considera muy superior a los demás, como se puede apreciar en el primer monte de la letra "M".

FIGURA Nº 68: Esta Firma corresponde a una persona "un poco Pija", y egoísta, pero que es agradable y tiene un moderado optimismo. Orgullo.

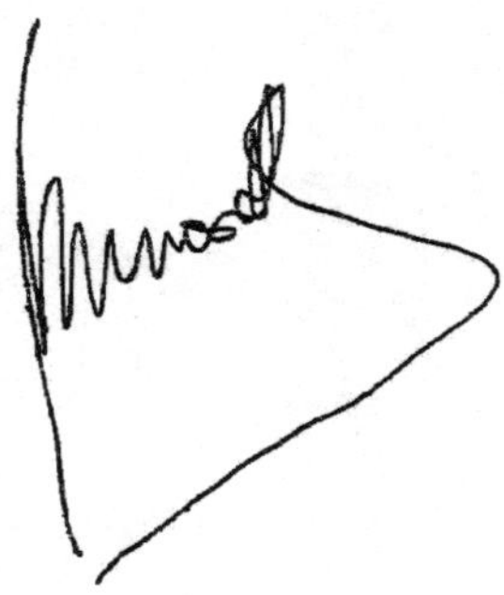

FIGURA Nº 69: Podemos observar una gran afirmación del "Yo" (letra inicial muy grande y en vertical- eje "Y"), también letras ilegibles, desafío al futuro y por último optimismo.

FIGURA Nº 70: Podemos apreciar una "S" descomunal = importancia social. Crisis de identidad, y desafío al futuro.

FIGURA Nº 71: Grandes dosis de orgullo. La persona se cree muy superior a los demás (primer monte de la "M" muy grande con respecto a los otros). Crisis de identidad (firma ilegible), pasado no superado. Inteligencia y capaz de desenvolverse en un gran campo de acción.

FIGURA Nº 72: Orgullo, descontento consigo mismo, (véase como se tacha la inicial). Tiene un concepto de si mismo superior a los demás. Complejo de inferioridad en vías de superación, desafío al futuro.

FIGURA Nº 73: Pasado no superado. Gran autoconcepto, firma ilegible, desafío al futuro, predomina la autorrealización. Carácter fuerte y dinámico, (escritura angulosa), buena salud (presión de los trazos).

FIGURA Nº 74: A estas alturas el lector imagino que ya es capaz de analizar los rasgos precitados, en consecuencia ¿qué significa el disparatado tamaño del primer monte de la "m", pues ya no se lo pienso decir... ¿qué significa una firma ilegible?...

Pues cuándo lo averigüen pasaremos al "Engreimiento".

4

LAS FIRMAS Y EL ENGREIMIENTO

Cuándo el orgullo se dispara nos encontramos con el engreimiento, que es la supercompensación del complejo de inferioridad ya visto. Este tipo de personas suelen ser altivas, desconsideradas con sus semejantes, arrogantes, vanidosas, etc. etc... Según el diccionario de María Moliner, se dice de la persona convencida de su propio valer, y que, por ello, se muestra despectiva con otros. Envanecer, presumir...

Pasemos ya a estudiar a algunas de estas personas.

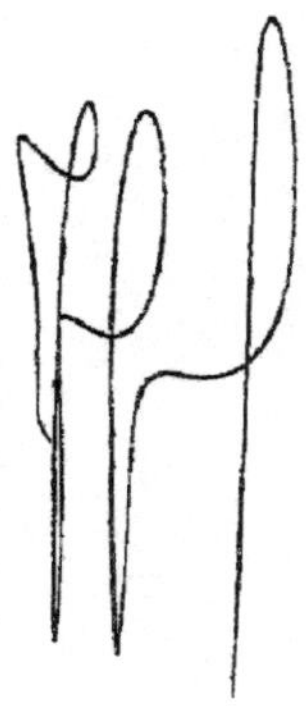

FIGURA Nº 75: Esta firma es de las más grandes que he visto, la persona tiene unos deseos constantes de autoafirmarse, tiene un orgullo desmedido, y se cree un "auténtico Emperador. Firma ilegible, y la actitud de la persona le provoca choques constantes con sus semejantes, y tiene una gran crisis de identidad...

FIGURA Nº 76: Aquí también Observamos una letra inicial muy grande, casi "Real", pero menos que la anterior. Firma ilegible, crisis de identidad, y complejo de inferioridad.

FIGURA Nº 77: Engreimiento, fortaleza física, crisis de identidad, se trata de vivir el presente intensamente, pasado superado.

FIGURA Nº 78: Podemos observar una gran elaboración de la "J", casi principesca. Pasado superado, letras legibles, se vive el presente intensamente.

FIGURA Nº 79: Similar a la anterior sólo que observamos desafío ante el futuro...

5

LAS FIRMAS Y LA VANIDAD

La vanidad es una desviación del complejo de inferioridad. En este caso la persona se cree acreedor de unos méritos inexistentes. Según el diccionario de María Moliner: Cualidad de la persona que tiene afán excesivo y predominante de ser admirada.- que se cree con derecho, por sus cualidades, por su posición etc... a la admiración y el acatamiento de los demás, y lo muestra en su actitud y palabras...

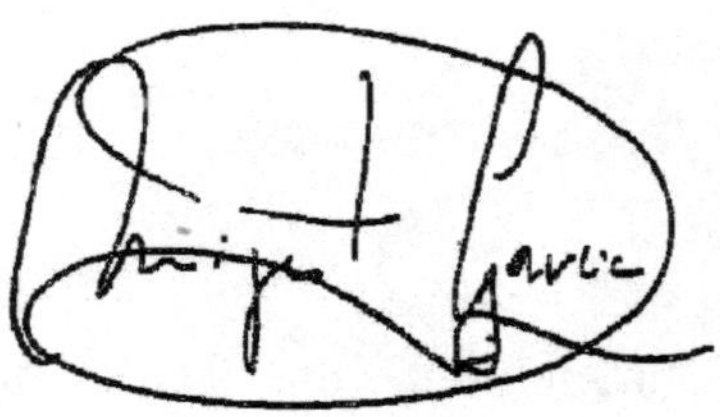

FIGURA Nº **80:** La vanidad se muestra en la firma sobre todo en los inflados de las iniciales de las letras. En este caso vemos el inflado de la letra "M" mayúscula, y también el la "G"del primer apellido. Aparte de denotar vanidad, es una firma estilosa, la persona tiene su arte y también observamos el complejo de inferioridad.

FIGURA Nº **81:** Se observa un gran inflado en la letra "J" inicial. La persona se cree que está dotada de unos méritos inexistentes. Sin embargo observamos que es una firma original y creativa. Personalidad muy marcada por el pasado, y se empieza a superar el C.de. I.

FIGURA Nº 82: Vanidad, originalidad, creatividad, crisis de identidad, pasado en vías de superación pero no olvidado, descontento consigo mismo (véase como se tacha la firma).

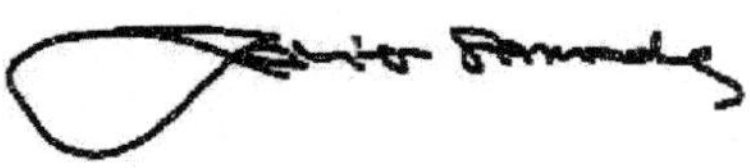

FIGURA Nº 83: Personalidad muy afectada por la vanidad, pero por otro lado tiene prácticamente superado el pasado y se vive el presente intensamente.

FIGURA Nº 84: Vanidad, orgullo, descontento consigo misma en el plano socio-laboral, pasado no superado, originalidad y creatividad.

FIGURA Nº 85: Gran vanidad, le gusta que le guíen, C. de I., predominio del "Yo" social (apellido).

FIGURA Nº 86: Vanidad, gran fuerza del "Yo". Crisis de identidad, pasado no superado y desafío hacia el futuro = no se vive el presente,. Originalidad y creatividad.

FIGURA Nº 87: Vanidad (véase el inflado de la parte izquierda de la inicial). Letra inicial muy cerrada = tensión interior. Pasado no superado y desafío ante el futuro en consecuencia no se vive el pasado intensamente.

FIGURA Nº 88: Vanidad, (véase el bucle de la parte izquierda de la "M" inicial), pasado casi superado, tremendo desafío hacía el futuro, y tendencia hacia la autorrealización.

FIGURA Nº 89: nivel de vanidad muy alto, esta persona se cree que es un auténtico Príncipe, y que sus méritos son tales que desbordan todas las previsiones, (véase la magnitud del inflado de la letra "L") inicial. También podemos observar C. de I. y disgusto íntimo y socio-laboral.

6

LAS FIRMAS Y EL DESCONTENTO CONSIGO MISMO

En la Sociedad en que vivimos es muy competitiva, poco solidaria con los más desfavorecidos, muy estresante, dinámica, tenemos incapacidad para alcanzar nuestros ideales, como por ejemplo adquirir una vivienda, formar una familia, encontrar un buen puesto de trabajo etc, y todo ello repercute notablemente en nuestro comportamiento. Resultado = descontento con un mismo y en consecuencia no somos capaces de ser felices. Ello en la firma lo podemos observar cuándo se tacha el nombre, los apellidos o ambas cosas. Este defecto es muy común, toda vez que todos en alguna medida estamos llenos de frustraciones, de complejos no superados, de defectos etc.

Pero ahora nos dedicaremos a estudiar este tipo de firmas:

FIGURA Nº 90: En esta firma podemos apreciar como el escritor se tacha completamente tanto el nombre como los apellidos, lo que significa descontento tanto en el plano íntimo y profundo como en el plano social. Tiene un pasado no superado y doloroso.

FIGURA Nº 91: En esta firma no podemos distinguir nada en absoluto, es un garabato completamente ilegible que denota que la persona aún no se ha encontrado así misma en ningún plano. Esta firma se puede considerar como patológica y el autor debería acudir a un especialista...

FIGURA Nº 92: La primera inicial denota orgullo, pero en cierta medida se considera a gusto con su plano íntimo y profundo, pero el primer apellido se encuentra tachado ¿qué significa esto... ?, pues imagino que ya somos capaces de averiguarlo: descontento con el plano socio-laboral.

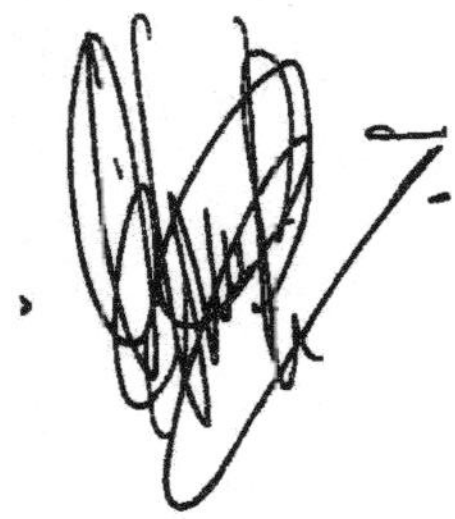

FIGURA Nº 93: Orgullo, descontento con los planos fundamentales sobre los que se asienta la personalidad de la persona, optimismo desmedido, la persona está tan convencida de llegar a sus metas que puede chocar frontalmente con las limitaciones propias del ser humano y su entorno, cayendo en consecuencia en una gran frustración.

A partir de ahora y con objeto de no cansar al lector me dedicaré sólo analizar las firmas más representativas de este defecto, en cuánto a las otras, las triviales, entiendo que a estas alturas el se haya atrevido a leer esta Obra ya dispone de elementos de juicio suficientes para analizar el resto.

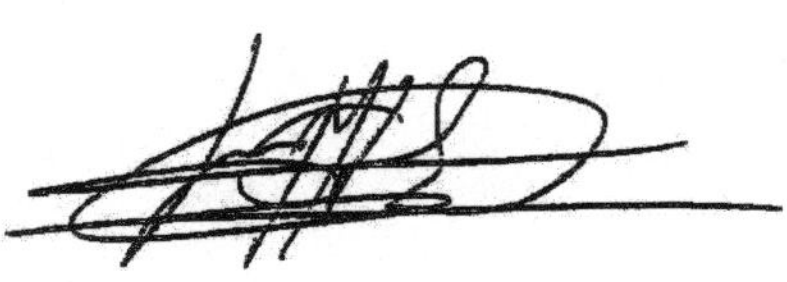

FIGURA Nº 94

FIGURA Nº 95

FIGURA Nº 96: Gran descontento consigo mismo, y C. de I.

FIGURA Nº 97

FIGURA Nº 98: Descontento socio-laboral y gran tensión interior debida posiblemente al estrés.

FIGURA Nº 99

FIGURA Nº 100

FIGURA Nº 101: Crisis de identidad y completo descontento tanto en el plano personal como en el social.

FIGURA Nº 102: Elevados niveles de orgullo, muy descontento consigo mismo; la firma es un auténtico borratajo; también crisis de self.

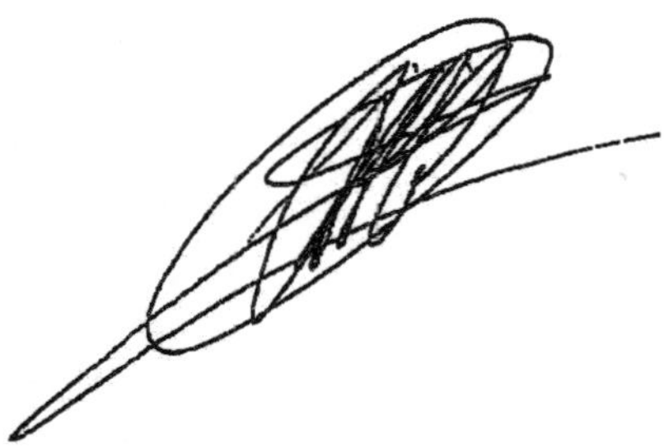

FIGURA Nº 103: Pasado no superado, C. de I.. Crisis de identidad, descontento con los dos planos y un moderado optimismo.

FIGURA Nº 104

FIGURA Nº 105

FIGURA Nº 106

FIGURA Nº 107

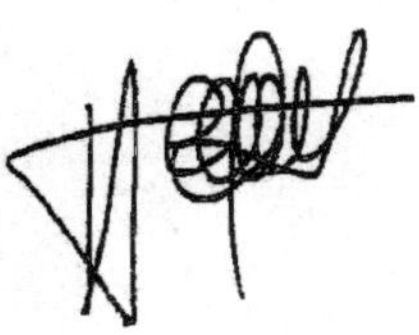

FIGURA Nº 108

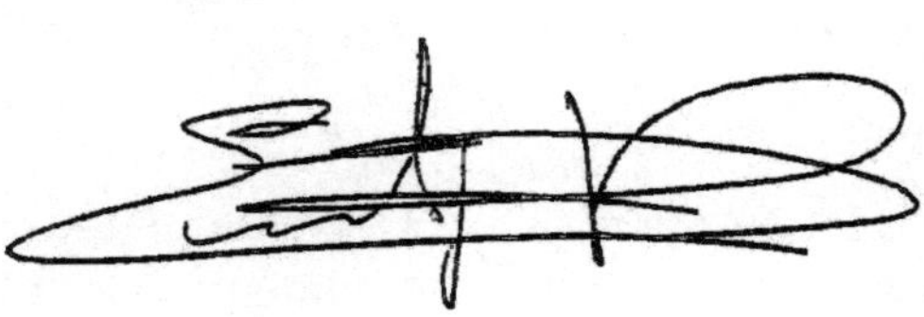

FIGURA Nº 109

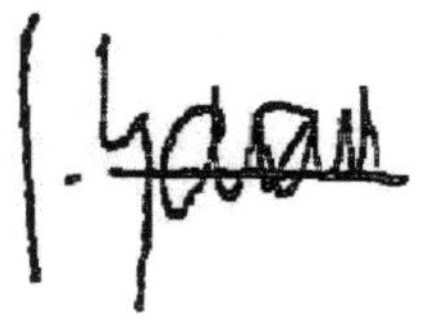

FIGURA Nº 110: Descontento socio-laboral., Inteligencia (letras muy simplificadas).

FIGURA Nº 111

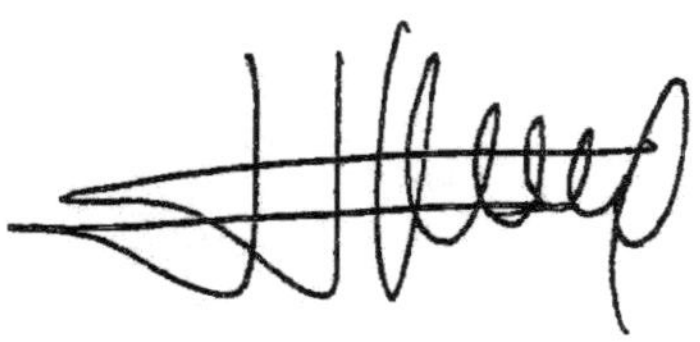

FIGURA Nº 112: Gran crisis de identidad y descontento del "Yo" íntimo y el "Yo" social.

FIGURA Nº 113: Orgullo, crisis de identidad, originalidad, pasado no superado, gran tensión emocional, y por último descontento en los dos planos de la existencia. Firma patológica (véase la gran complejidad de la misma).

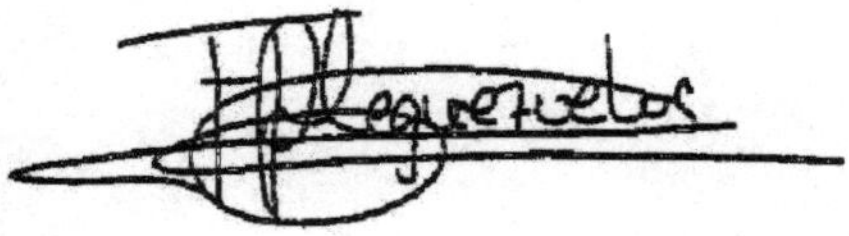

FIGURA Nº 114

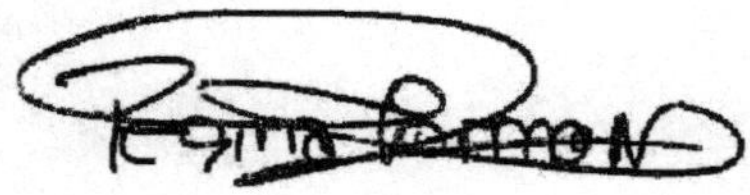

FIGURA Nº 115

FIGURA Nº 116

FIGURA Nº 117

FIGURA Nº 118

FIGURA Nº 119

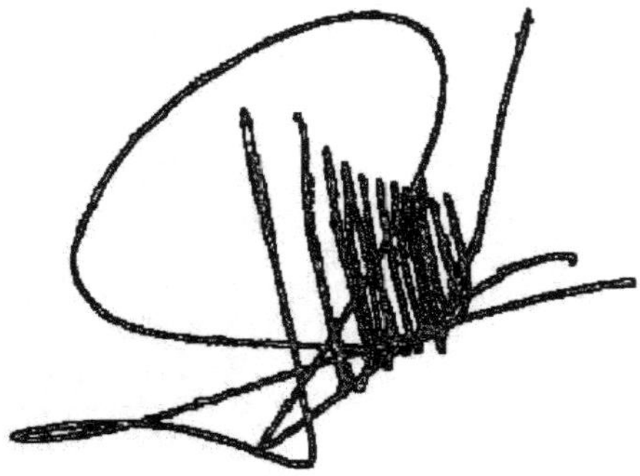

FIGURA Nº 120: Aislamiento, (obsérvese la primera inicial separada del resto), gran tensión emocional, (líneas muy juntas) y por último vemos una línea que cruza toda la firma = descontento.

LA GRAFOLOGÍA COMO SOLUCIÓN A MUCHOS DE LOS PROBLEMAS QUE TODOS TENEMOS

Llegados a este punto de conocimiento de las firmas, me ha parecido oportuno incluir una reflexión, la cual considero que será de gran utilidad para el Lector.

En el mundo actual en que vivimos ¿Quien no tiene algún tipo de problemas?. En mayor o en menor medida como dijo J.J. Rouseau ***"El hombre nace libre, pero por doquier se siente encadenado"***. Estas cadenas son en ocasiones los problemas de tipo familiar; sobre todo con la familia política, también con el cónyuge, así como con los Jefes del trabajo, los subordinados, compañeros de trabajo, amigos, etc. etc...

La felicidad en el sentido más amplio de la palabra resulta utópica; eso sí existen ráfagas de felicidad y por ello cuando nos vienen conviene aprovecharlas al máximo, y cuando nos vienen "las vacas flacas" hay que disponer de los elementos adecuados y precisos para poder salir airoso de este tipo de situaciones.

Todos los defectos como la vanidad, el engreimiento, el orgullo, la maldad, los complejos de inferioridad/superioridad, la envidia, el egoísmo, la codicia, la tensión interna, el descontento con uno mismo, las crisis de self "siempre" son nocivos para nosotros, que en la mayoría de los casos, cuando nos toca pasarles revista, somos tan orgullosos que "lo hacemos como un turbo reactor..."

Analizando y analizando, estudiando y estudiando a un grupo do de compañeros, familiares y amigos, incluso a mí mismo, *voy más allá*, y aparte del empleo de la Grafoterapia, me he dado cuenta de que, **MODIFICANDO LA FIRMA CONVENIENTEMENTE, Y LO MÁS IMPORTANTE ELIMINANDO LA RÚBRICA, ESE TRAZO PERVERSO Y DIABÓLICO, QUE SÓLO SIRVE PARA APANTALLAR LAS EMOCIONES POSITIVAS, PODEMOS ERRADICAR COMPLETAMENTE TODOS LOS DEFECTOS A LOS QUE *"HE PASADO REVISTA....." ANTERIORMENTE.....¡....!...***

En muchas ocasiones he podido constatar que muchas personas están perjudicando continuamente a su "salud Psicológica...", a tenor de la firma que emplean (firmas completamente ilegibles, con tachaduras, o bien firmas extravagantes, como las de muchos profesionales públicos, pero no sólo he podido constatar el dolor que ello provoca en su mente, sino también en sus destinatarios, lo cual considero, aprecio y así lo estimo que es una falta de tacto, por no decir de consideración al prójimo.....)

7

LAS FIRMAS Y EL AUTOCONCEPTO

En este apartado como se contempla en el capítulo vamos a estudiar el autoconcepto que cada persona tiene con respecto a los demás, esto se denota principalmente en la letra "M", cuándo ésta es la inicial. Cuando los dos montes de la "M" permanecen a la misma altura = nos consideramos iguales a nuestros semejantes. Cuándo el primer monte de la "M" es inferior al segundo nos consideramos inferiores a los demás, y por último, cuándo el primer monte es más alto que el segundo la persona se considera superior a nuestros semejantes. Veámoslo:

FIGURA Nº 125: Vemos en la inicial que el primer monte es muy superior al resto = se considera muy superior a los demás. Imaginación y creatividad...

FIGURA Nº 126: Primer monte mucho mayor que el segundo = tiene un autoconcepto de si mismo muy superior al del resto de los mortales. C. de I. y un gran optimismo.

FIGURA Nº 127: Un gran autoconcepto. Pasado no superado y un gran desafío ante el futuro.

FIGURA Nº 128

FIGURA Nº 129: En este caso observamos que el firmante tiene el primer monte de la "M" inferior al segundo = se considera inferior al resto. También C. de I.

FIGURA Nº 130

FIGURA Nº 131

FIGURA Nº 132

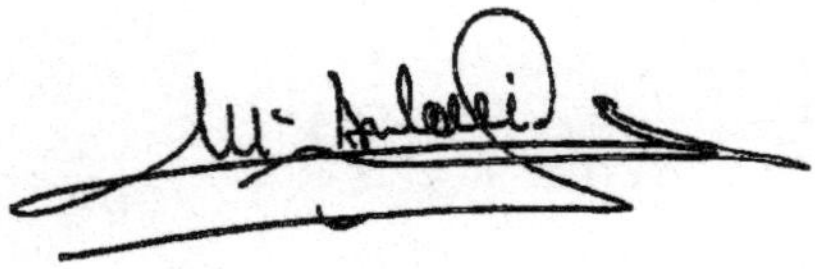

FIGURA Nº 133

FIGURA Nº 134: Gran sobreestimación con respecto a sus semejantes. Aislamiento social. La gusta que la guíen. Presión del medio. Fuerte carácter (escritura angulosa), y descontento consigo misma en lo social.

FIGURA Nº 135

8

LAS FIRMAS Y LAS CRISIS DE IDENTIDAD

En este capítulo abordaremos el estudio de las crisis de identidad. En capítulos precedentes ya hemos visto este defecto, por cierto muy extendido en nuestra Sociedad. Nos encontramos en un mundo en que dedicamos mucho tiempo a nuestras obligaciones laborales, a nuestras obligaciones sociales, a nuestras obligaciones familiares, pero ¿cuánto tiempo nos dedicamos a nosotros mismos?. Pues la verdad es que muy poco y ello, como todo, queda perfectamente reflejado en nuestra firma. Esta falta de dedicación al cultivo del "Yo" íntimo y profundo, se suele observar en las firmas ilegibles, y como quiera que ya hemos visto muchos casos, considero que el lector, "el solito", será capaz de apreciarlo... **Figuras de la 136 a la 160**

FIGURA Nº 136

FIGURA Nº 137

FIGURA Nº 138

FIGURA Nº 139

FIGURA Nº 140

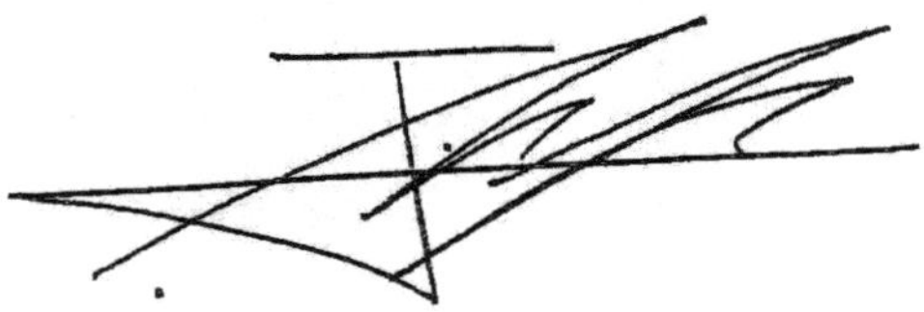

FIGURA Nº 141

FIGURA Nº 142

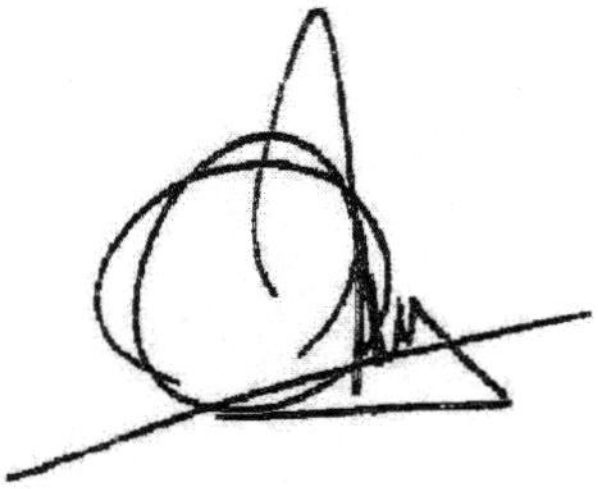

FIGURA Nº 143

FIGURA Nº 144

FIGURA Nº 145

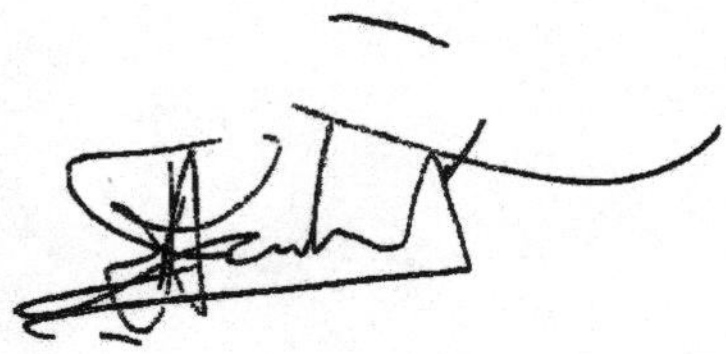

FIGURA Nº 146

FIGURA Nº 147

FIGURA Nº 148

FIGURA Nº149

FIGURA Nº 150

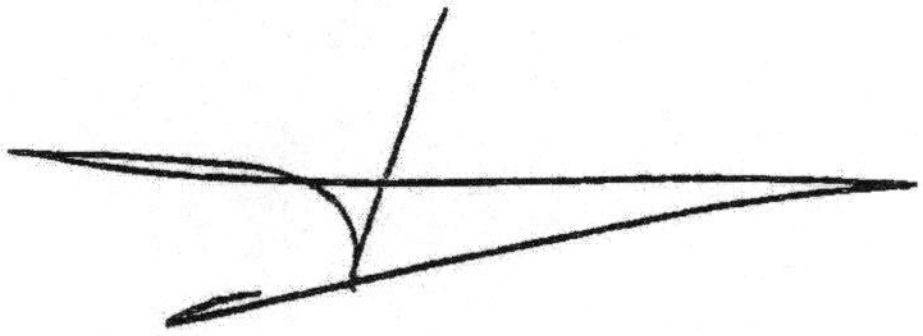

FIGURA Nº 151

FIGURA Nº 152

FIGURA Nº 153

FIGURA Nº 154

FIGURA Nº 155

FIGURA Nº 156

FIGURA Nº 157

FIGURA Nº 158

FIGURA Nº 159

FIGURA Nº 160

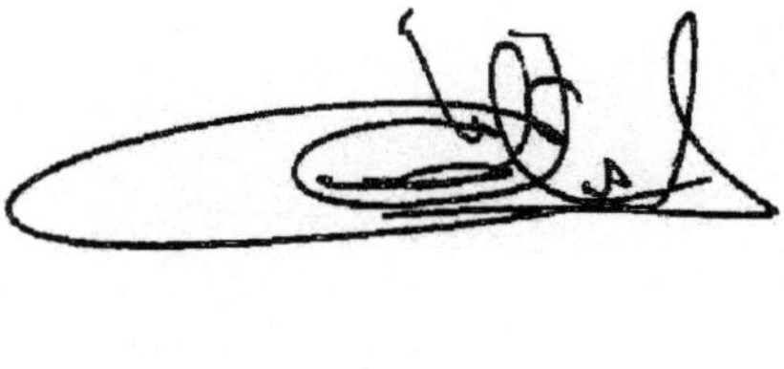

9

LAS FIRMAS Y LA CREATIVIDAD

Ahora nos disponemos a dar un breve repaso a las capacidades creativas. Todas las firmas que he elegido tiene un denominador común: la representación de curvas en la firma. Como hemos podido apreciar a lo largo de este Libro algunas de las firmas están repetidas, y ello se debe a que resulta imposible clasificar las firmas por un solo rasgo, en consecuencia pido al lector comprensión por este detalle.

Las firmas en las que podemos observar tanto la creatividad como la originalidad son las numeradas de la Figura nº **161 a la 166.**

FIGURA Nº 161

FIGURA Nº 162

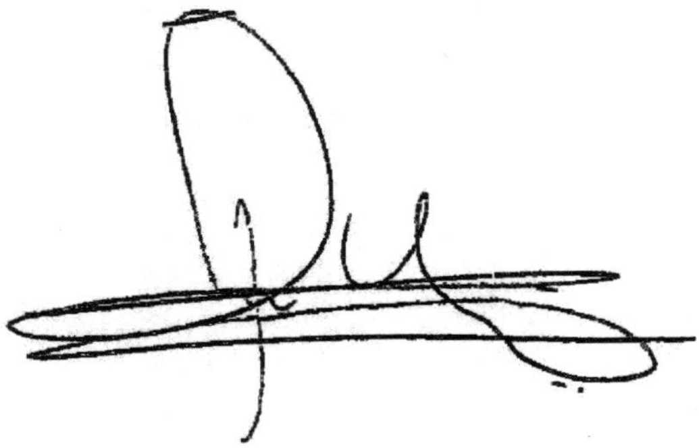

FIGURA Nº 163

FIGURA Nº 164

FIGURA Nº 165

FIGURA Nº 166

10

LAS FIRMAS Y LA DEPENDENCIA SOCIAL

Nos disponemos a ver ahora dos casos de una gran dependencia social. Estas firmas desde el punto de vista de la estática resultan inestables, se encuentran muy tumbadas hacia la derecha, y este tipo de personas dependen mucho de sus semejantes.

FIGURA Nº 167: Observamos una inclinación excesiva hacia a la derecha, es como si se fuera a caer, también observamos un gran orgullo y crisis de identidad.

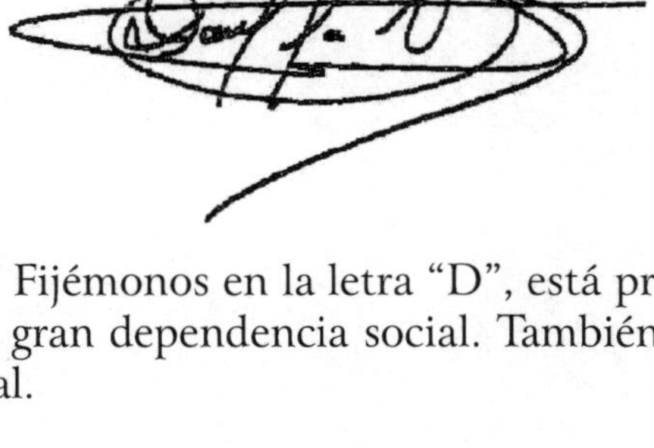

FIGURA Nº 168: Fijémonos en la letra "D", está prácticamente tumbada, lo cual denota una gran dependencia social. También C. de I. y descontento en el plano social.

11

LA CODICIA EN LAS FIRMAS

Veamos en primer lugar las definiciones de Codicia:

Según el magnífico diccionario de María Moliner (el mejor sin duda alguna), **la codicia** es el deseo exagerado de poseer o de tener mucho, de dinero o de otras cosas.

Codiciar: Ambicionar, ansiar. Desear alguien mucho una cosa de importancia para su bienestar o buena situación.

Según el diccionario de la Real Academia:

Codicia: apetito desordenado de riquezas.

Codiciar: desear con ansia las riquezas u otras cosas.

¿Dónde encontramos la codicia en las firmas? Pues muy fácil, cuándo en la parte inferior de las firmas aparecen ganchos o garfios parecidos a los que se emplean para coger el hielo.

Todas estas firmas las podemos ver **desde la** Figura nº **169, hasta la179**

Esto lo podemos observar en las figuras de la 169 hasta la 179

FIGURA Nº 169

FIGURA Nº 170

FIGURA Nº 171

FIGURA Nº 172

FIGURA Nº 173

FIGURA Nº 174

FIGURA Nº 175

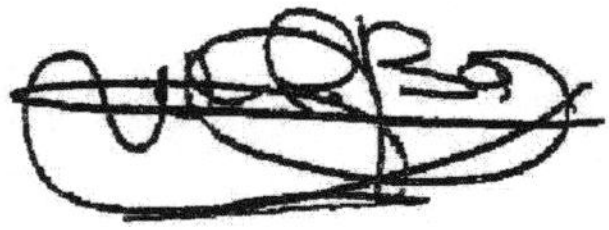

FIGURA Nº 176

FIGURA Nº 178

FIGURA Nº 179

12

LAS FIRMAS Y EL PASADO NO SUPERADO

Ya hemos hablado mucho del pasado no superado, y la verdad es que con el título ya sería suficiente, pero abundaré un poco más en este defecto con objeto de que podamos atinar con más certeza sobre este "Asunto".

A todos nosotros, a lo largo de nuestra vida, nos han ocurrido una serie de hechos, sucesos, acontecimientos, los cuales nos han dejado marcados por una serie de circunstancias, la muerte de un ser querido, un despido laboral, la ruptura con la pareja, un accidente familiar, son circunstancias que han concurrido negativamente en nuestra vida, y, en muchas ocasiones no las hemos superado... Pues bien, también todo esto se refleja en nuestra firma, ¿dónde? En la parte izquierda de la misma... Todo lo que sea rasgos en la parte izquierda de la inicial, reflejan situaciones del pasado no superado. Las más graves son cuándo tienen forma de arpones, cuchillos, lanzas. Son situaciones en las que la persona es como si estuviera en guardia ante lo acontecido, y no quisiera bajo ningún concepto que se volvieran a repetir.

¿Cuándo se comienza a superar el pasado?, pues cuándo el filo del arpón comienza a ser mas curvo, o matemáticamente hablando cuándo la función que representa la parte izquierda de la firma es derivable...

Las figuras representativas de todo ello son de la 180 a la 195.

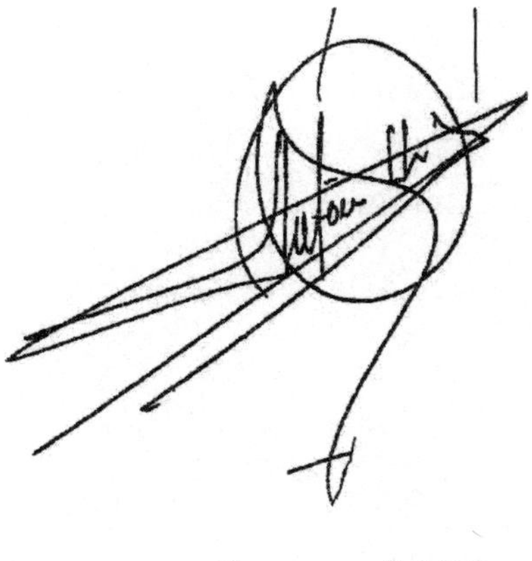

FIGURA Nº 180

FIGURA Nº 181

FIGURA Nº 182

FIGURA Nº 183

FIGURA Nº 184

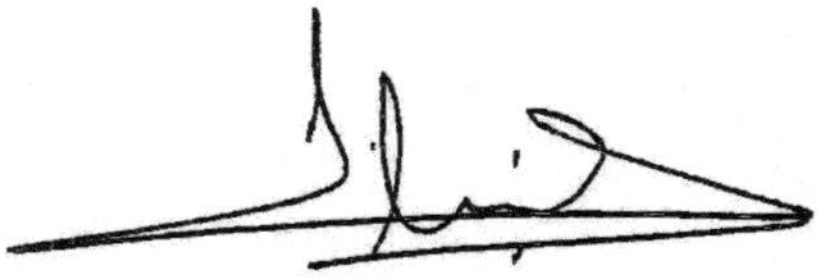

FIGURA Nº 185

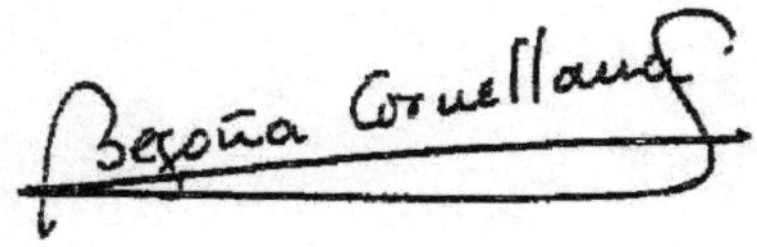

FIGURA Nº 186

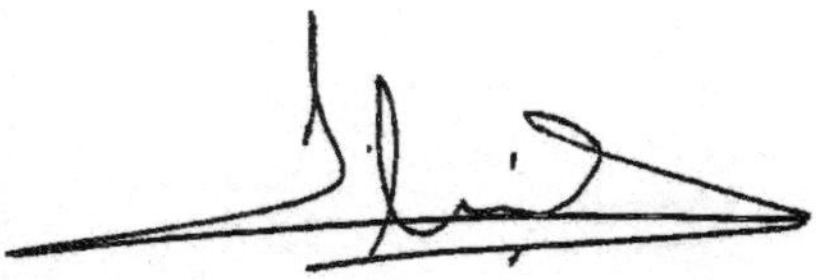

FIGURA Nº 187

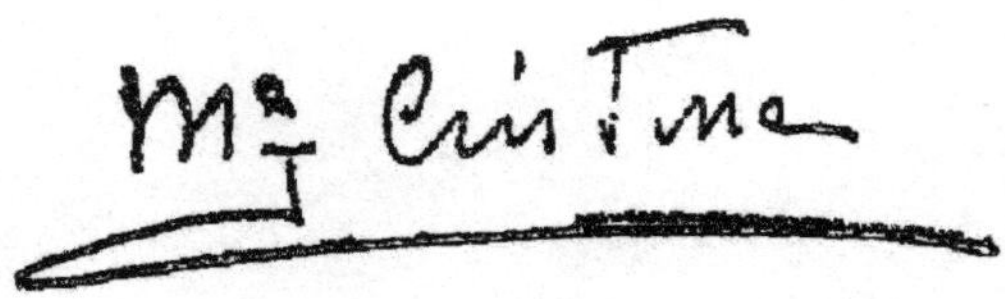

FIGURA Nº 188

FIGURA Nº 189

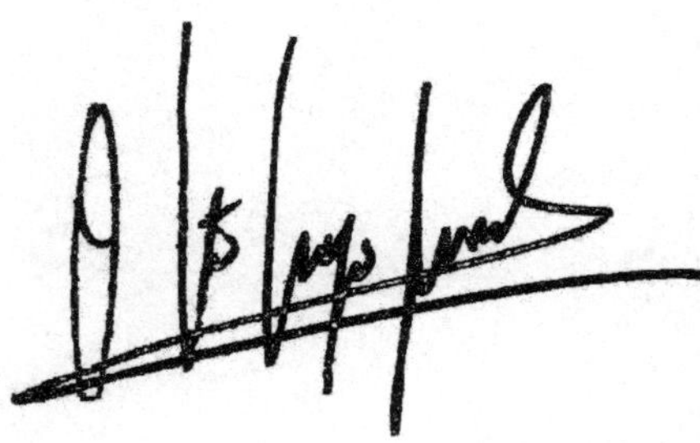

FIGURA Nº 190

FIGURA Nº 191

FIGURA Nº 192

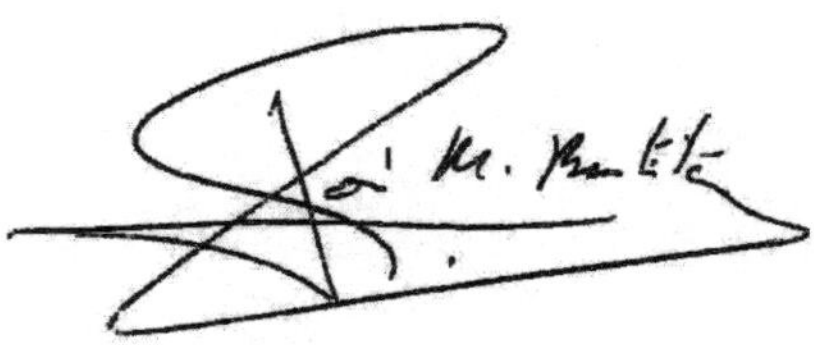

FIGURA Nº 193

FIGURA Nº 194

13

LAS FIRMAS Y EL AISLAMIENTO SOCIAL

En este Capítulo vamos a pasar revista al "aislamiento social". Cierto es que en este mundo, sobre todo en las ciudades vivimos grandes aglomeraciones de gente, pero no es menos cierto que existen muchas personas que se sienten solas, por ello he considerado incluir este "tema" en la Obra.

¿Dónde vemos cuándo una persona se encuentra sola?. Pues muy fácil: Cuándo en la firma observamos que las iniciales se encuentran separadas del resto de las letras: Inicial separada de las letras del nombre = aislamiento familiar. Inicial que se encuentra separada de las letras del apellido = aislamiento socio-profesional.

FIGURA Nº 195: Esta firma representa a una persona que murió a los tres días después de haber estampado la rubrica. En ella podemos observar la disociación que existe entre el "Yo" familiar y el "Yo" social. Ilegible, confusa... débil...

En las demás firmas sobra la explicación toda vez que las rubricas hablan por si solas. **(Figuras de la 196 a la 203)**

FIGURA Nº 196

FIGURA Nº 197

FIGURA Nº 198

FIGURA Nº 199

FIGURA Nº 200

FIGURA Nº 201

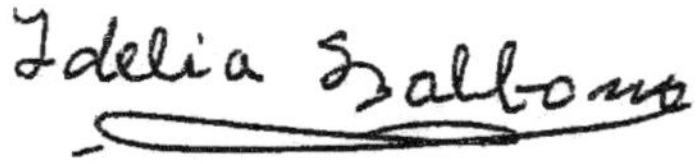

FIGURA Nº 202

FIGURA Nº 203

14

NO SE VIVE EL PRESENTE

En este capítulo estudiaremos la falta de intensidad que existe en vivir el presente. En muchas ocasiones nos sentimos culpables o arrepentidos por algo que hemos llevado a cabo en el pasado. Así mismo también nos sentimos preocupados por lo que nos deparará el futuro. ¿Qué se consigue con esto?, pues muy fácil: "**NO VIVIR EL PRESENTE**" como podríamos hacerlo si prescindiéramos de lo anteriormente expuesto. En las firmas esto se observa por un lado en el pasado ya estudiado, y por otro en las ramificaciones que salen de la rúbrica hacia la derecha (el futuro). Se observa que el núcleo de la firma se encuentra aislado...

FIGURA Nº **205**: En este caso observamos un gran arpón que dirige hacia la derecha (demasiada aprehensión hacia el futuro). Así mismo también se puede analizar el primer monte de la "M", la persona se considera inferior a su entorno, en consecuencia se podría decir que está esperando un ascenso que no llega...

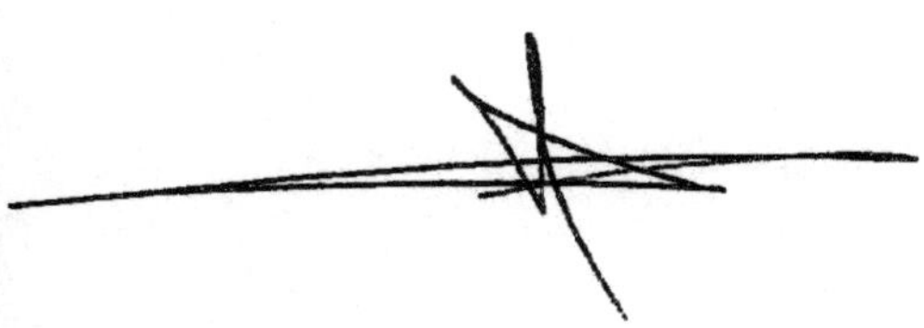

FIGURA Nº 208

FIGURA Nº 209

FIGURAS NÚMS **208 y 209:** Estas dos firmas son muy parecidas; en ellas podemos apreciar lo que he explicado antes: el núcleo de ambas firmas se encuentra aislado en el centro de las mismas...

Entiendo que el Lector llegará a realizar un análisis correcto de este tipo de firmas que van desde la **205 hasta la 213.**

Figura nº 206

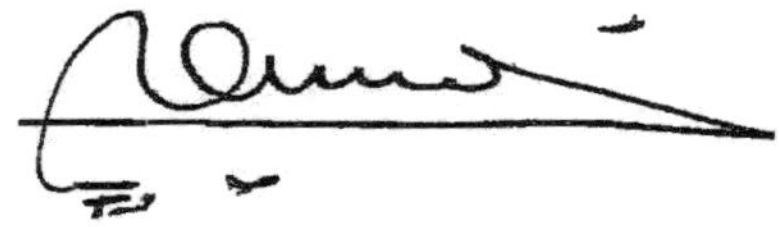

Figura nº 207

Figura nº 210

Figura nº 211

Figura nº 212

Figura nº 213

15

PRESIÓN INTERNA

Abordaremos muy brevemente ahora el estudio de las personas "**que no viven**", están tan ocupadas laboralmente que **no tienen ni un respiro**, reciben tanta presión por parte de sus jefes y también en ocasiones de sus compañeros que la vida laboral se convierte para ellos en un auténtico infierno...

¿Cómo podemos observar esto en la firma?, pues muy fácil: cuándo las letras o rasgos se encuentran muy unidas, la persona esta diciendo **¡ayúdenme**!...

Todo ello lo podemos observar en las **figuras desde la nº 214 hasta la 218.**

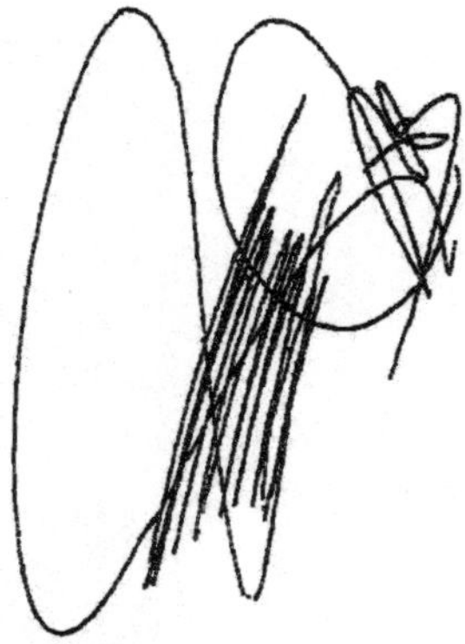

FIGURA Nº 214

FIGURA Nº 215

FIGURA Nº 216

FIGURA Nº 217

FIGURA Nº 218

16

VARIOS

En este pequeño apartado he incluido un pequeño grupo de firmas a fin de que por parte de el lector se intente estudiar las mismas. No tendré ningún inconveniente de contestar a cuántos mensajes reciba. Entre ellas he incluido mi firma actual Figura nº 220, la cual ha experimentado una gran evolución en base a un método que tendré el gusto de explicar al final del Libro...

FIGURAS de la 219 a la 229

FIGURA Nº 219

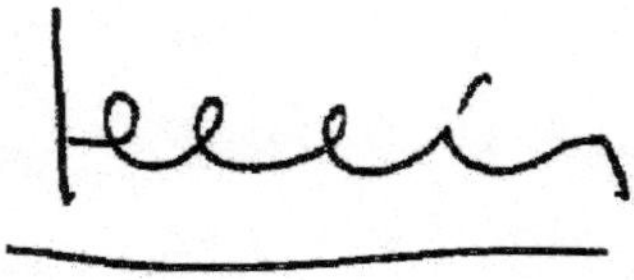

FIGURA Nº 220

FIGURA Nº 221

Figura nº 222

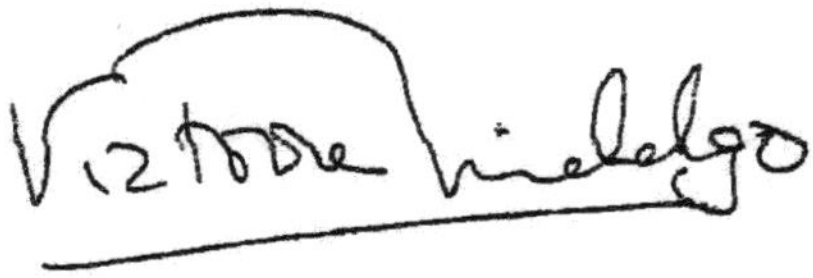

Figura nº 223

Figura nº 224

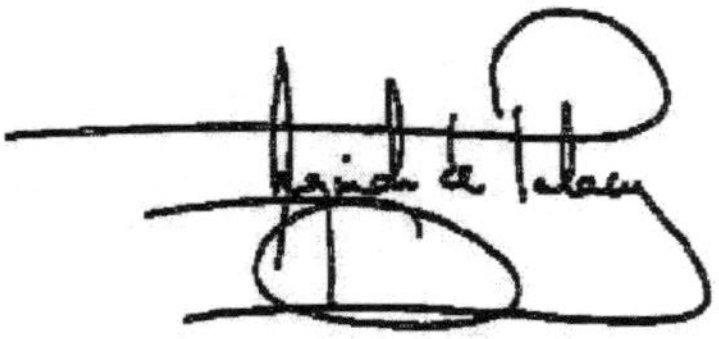

Figura nº 225

Figura nº 226

FIGURA Nº 227

FIGURA Nº 228

FIGURA Nº 229

17

FIRMAS COMPLICADAS

Ahora vamos a ver por curiosidad unas cuantas firmas que he encontrado en mi archivo y que son de lo más original. Todas ellas se caracterizan por su ilegilibilidad, por tanto corresponden a personas con una fuerte crisis de identidad, también algunas de ellas resaltan por su tamaño o bien por su originalidad y creatividad.

La frontera entre la genialidad y la locura es a veces confusa, y entre este tipo de firmas podemos encontrar algunas de ellas, que van desde la **Figura nº 230 hasta la Figura nº 242**.

FIGURA Nº 230

FIGURA Nº 231

FIGURA Nº 232

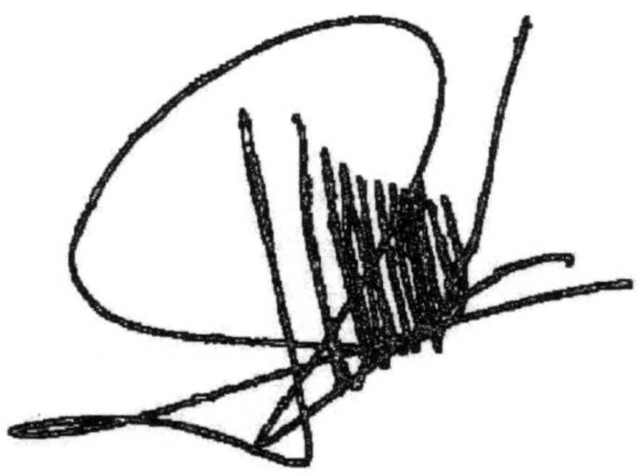

FIGURA Nº 233

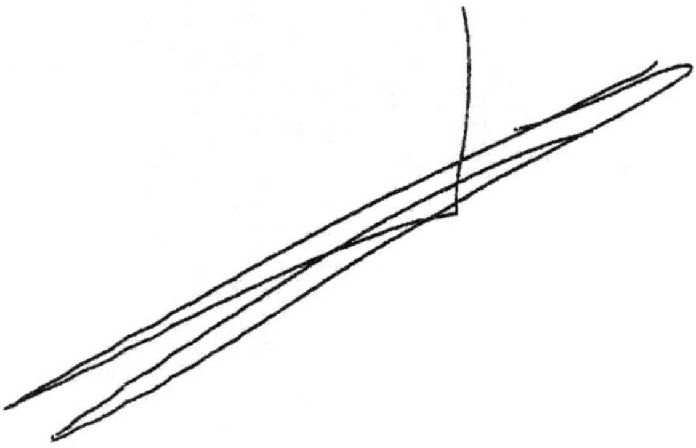

FIGURA Nº 234

FIGURA Nº 235

FIGURA Nº 236

FIGURA Nº 237

FIGURA Nº 238

FIGURA Nº 239

FIGURA Nº 240

FIGURA Nº 241

FIGURA Nº 242

18

DEMASIADO OPTIMISMO

Ahora nos disponemos a ver lo que en ocasiones puede ser patológico, y es el demasiado optimismo que tienen algunas personas. En ocasiones, algunas personas están llenas de optimismo, esto evidentemente es positivo, pero el problema surge cuándo este optimismo es desmesurado, como es el caso. En las figuras que se insertan a continuación, podemos observar unas firmas que se elevan considerablemente, y esto no es normal. Estas personas tienen un optimismo desmedido y ello en muchas ocasiones choca con las limitaciones propias del ser humano, creando grandes frustraciones por haber conseguido colmar sus deseos, y coronar sus metas, con las consiguientes repercusiones negativas que ello tiene para el bienestar físico, psíquico y social.

Estas firmas las podemos ver **desde la Figura nº 243 hasta la 249.**

FIGURA Nº 2433

FIGURA Nº 244

FIGURA Nº 245

FIGURA Nº 246

FIGURA Nº 247

FIGURA Nº 248

FIGURA Nº 249

19

FIRMAS Y SUPERIORIDAD

La superioridad se consigue una vez que el escritor ha conseguido eliminar de su mente todos sus defectos, y por consiguiente con ello llega la autorrealización.

Llegado este momento me parece oportuno incluir en la Obra un análisis grafológico que realicé la firma del Excmo. Sr. General de Ejército Jefe del Estado Mayor del Ejército D .Alfonso Pardo de Santayana y Coloma. ¿Porqué lo hago?, pues muy fácil, porque es uno de los análisis más brillantes que he realizado. Veámoslo:

FIGURA Nº 250

INFORME GRAFOLÓGICO PRIVADO, ELABORADO POR D. JESÚS GONZÁLEZ GONZÁLEZ, CORRESPONDIENTE A LA FIRMA DEL EXCMO. SR. GENERAL DE EJÉRCITO, JEFE DEL ESTADO MAYOR DEL EJÉRCITO

Madrid a 19 de noviembre de 2.001

FINALIDAD DE ESTE INFORME

El estudio Grafológico es un estudio de los factores de la Personalidad, y se analizan abundantes aspectos de la misma, como por ejemplo, tanto las Potencialidades Intelectuales, como las Volitivas, así como las repercusiones en la Personalidad del pasado y así mismo la proyección que tiene la persona hacia el futuro.

Con el se pretende ayudarle a conocerse, y en consecuencia a perfeccionarse, y ¡como no! En cierto modo a reflexionar sobre su modo de ser.

Representa un retrato psicológico que a veces puede resultarnos que no está dentro de nuestro carácter. Unas veces es porque no nos conocemos lo suficiente, otras, se pudo equivocar el que realizó el análisis. En consecuencia, me gustaría que me diera su opinión sobre el presente trabajo. No tema decir lo que piensa, se lo agradeceré muy sinceramente.

Pero, lea lo que he hallado en su personalidad a través de la escritura y después júzguelo.

NOTA: El presente estudio está basado en la firma del JEME de fecha 15-09-1999, relativa a la concesión del Empleo de Brigada del autor del estudio; por ello algún dato puede haber variado, dado el tiempo transcurrido, y simplemente se limita al estudio de la firma por no disponerse de más elementos de juicio en los que ampliar este informe.

RESULTADO DE LA INVESTIGACION DE LA FIRMA

INTELIGENCIA

Se advierten grandes dotes intelectuales, su mente asimila y comprende con rapidez.

También se advierten señales de claridad en la visión del entorno. Visión de conjunto y visión de detalle.

Predomina la razón sobre los sentimientos, y ello, le presenta como una persona imparcial y objetiva en muchos puntos de vista y opiniones.

Orden fundamental y claridad de ideas

Concentración de pensamiento

CUALIDADES VOLITIVAS

Extraordinarias capacidades Volitivas; versatilidad.

Controla bastante bien sus impulsos.

Se puede decir que es un excelente trabajador y ocupa bien su tiempo (mínimo esfuerzo para obtener el mayor rendimiento).

Temperamento de impulsos vigorosos y energía vital

COMPORTAMIENTO

En primer lugar, su firma impresiona por su horizontalidad, y en consecuencia por su estabilidad, equilibrio y armonía. Es V.E. una persona de un fuerte autocontrol.

Su firma se asemeja a un "avión de pasajeros", el cual por sus características aerodinámicas es poco "maniobrable a las presiones del medio y por tanto muy estable". El centro de gravedad se encuentra justamente en el centro de la firma y abajo (que es lo más destacable), en él " yo " íntimo y profundo.

Por su horizontalidad predomina la búsqueda de la Autorrealización en lugar que de la Autoafirmación "su contrario" (y aspecto negativo). Esta Autorrealización está ya en su última fase, y aunque aún busca en cierto modo el aplauso ajeno en todos los cometidos desempeñados correctamente, la Autorrealización está a punto de culminar completamente.

Es V.E. una persona muy sociable y tiene seguridad en los propios conceptos y misiones.

Su firma denota un estado de ánimo que no sufre alteraciones muy acusadas ni en el sentido pesimista ni en el sentido optimista. Su emotividad tiene las oscilaciones normales.

Preponderancia de la razón sobre los sentimientos, y reflexión juiciosa.

Es V.E. una persona extrovertida. La curvatura en la firma es un gesto conciliante que encierra gracia, dulzura, suavidad y arte.

Cuando aparece la curva en la firma, como en este caso que predomina sobre la angulosidad da a la persona simpatía, atractivo, bondad, buenos modos; se evitan las asperezas. También suele ir acompañada de don de gentes, naturalidad y benevolencia. Es rasgo propio de la imaginación, buena memoria y adaptación a medio, y ¡cómo no!, sentimiento estético.

Fuerza volitiva y vitalidad física, así como tenacidad y equilibrio vital. También actividad, decisión y EXTRAORDINARIAS DOTES DE MANDO.

Relieve personal, no se deja llevar por el ambiente, los otros o la imaginación.

Existe estabilidad emocional y la sensibilidad es ardiente

Hay resolución, seguridad y afirmación de "yo", firmeza en los principios y una seria de buenas condiciones que se encuentran en su relieve y vigor: Nobleza, calor, audacia sinceridad... los Cometidos que desempeña lo hace con una gran precisión.

Honorabilidad, firmeza de carácter y cierta inflexibilidad en algunos detalles. Seguridad, rigidez a los principios morales y en la conducta. Oposición a lo indebido y a lo que considera fuera de sus principios (Vels). Sentimiento hondo del deber.

Otro aspecto muy importante que se puede analizar en la firma des escritor es el pasado. Todos en mayor o menor medida estamos influenciados por ese pasado que ya es "irreversible", pero ciñámonos al caso que nos ocupa en relación a este extremo.

A V.E. en su pasado le han ocurrido hechos, sucesos, acontecimientos, que han influido notablemente en su vida, hechos desgraciados, como la perdida de un ser querido otras desgracias similares desgarran nuestros sentimientos.

Donde se observa el pasado es la parte izquierda de la firma, y en la suya al ser ya la curva una función derivable (matemáticamente hablando) se puede decir que ya lo esta empezando a superar...

También otro aspecto digno de tener en cuenta son los bucles que hacen las "S" de Satayana, que tacha la "O" de Pardo. Aquí caben destacar dos cosas, o bien por un lado son movimientos dirigido hacia el "yo" o bien por otro lado, pudiera que existiera un deseo de cambio en algún aspecto del "yo social".

La escritura se presenta de una forma completamente ligada, que es el rasgo característico de la extroversión, contacto y sociabilidad con el medio, elevado nivel cultural y una excelente memoria.

Lógica realizadora, V.E. es capaz de realizar y explotar lo asimilado. Esta escritura es propia de personas naturales y espontaneas.

Dinamismo y continuidad en las ideas y en los actos.

Se maduran los proyectos, se piensan las decisiones, se estudian los pros y los contras contra actos en los que hay que tomar una determinación. Es indicio de Reflexión. Actúa después de reflexionar. Deseos conscientes de tomar decisiones razonables a fin de evitar la improvisación.

La verdad es que esta firma es de las más brillantes que he observado en toda mi historia grafológica, pero para llegar a ella, el camino que ha tenido que tomar V.E. no ha sido nada fácil.

V.E. en su juventud y parte de su madurez posiblemente padeciera un sentimiento de inferioridad, que casi todo el mundo tiene de joven, y ha tenido que pasar por fuertes retos antes de alcanzar la meta dorada de la autorrealización.

Entonces siendo tan difícil conseguir la Autorrealización ¿cómo es que V.E. esta llegando casi a ella?

Pues muy fácil de decir y muy pero que muy, muy difícil de realizar:

Y para ello más o menos ha seguido los siguientes pasos, haciendo como la gota de agua que a base de constancia es capaz de penetrar en la roca:

SE HA ESTUDIADO A SÍ MISMO HASTA DONDE HA PODIDO

HA AMPLIADO SU CULTURA COMO MEDIO DE SENTIRSE FURTE Y COMPENTENTE

SE HA SACRIFICADO PROFESIONALMENTE EJECUTANDO A LA PERFECCIÓN SUS TAREAS Y COMETIDOS LABORALRES, ESTUDIANDO Y AMPLIANDO SUS CONOCIMEINTOS GENERAES O PARTICULARES DE SU NECESIDAD CONCRETA, SIN MIRAR EN MUCHAS OCASIONES EL RELOJ Y SIN ENERGULLECERCE DE SUS TRIUFOS Y ÉXITOS.

POR EL CONTRARIO, HA BUSCADO PERPETUAMENTE SUS DEFECTOS Y SUS ERRORES EN UN ANSIA INAUDITA POR PERFECCIONARSE HUMANA Y LABORALMENTE.

HA TRABAJADO DE UNA FORMA INCANSABLE EN PRO DE SUS METAS, PONIENDO EN JUEGO SU AMOR PROPIO Y TODOS SUS RECURSOS REPRESENTATIVOS Y VOLITIVOS. (Mauricio Xandró)

Por último quedan por analizar las zonas de la escritura de la firma, y aunque para este tipo de análisis se requiere más documentación, voy a tratar de dar una visión global de lo más destacable que he encontrado en ella.

La escritura se divide en tres zonas: la zona superior donde se refleja la proyección filosofico-mistico-espitritual del individuo, la, la zona media, que representa el "yo": la proyección del sujeto en la vida cotidiana, y por último, la zona inferior que representa las tendencias hacia lo prohibido, los placeres de la vida, el vino, la buena mesa el sexo etc...

Su firma esta perfectamente equilibrada lo cual denota gran madurez y también que se encuentra a gusto con su proyecto filosófico-político actual. También, se observa que tanto las "m" como las "n" las hace tipo guirnaldas, lo cual quiere decir que supone un refuerzo de la extraversión; así mismo quienes escriben de esta forma tienen fácil y rápida adaptación al medio. También es reforzante de actividad, dulzura y flexibilidad.

Y para terminar es también uno de lo reforzantes de la sinceridad, franqueza; así como gran capacidad para reconocer el valor de los méritos ajenos

Es todo lo que se tiene que informar a V.E. respecto al estudio de su firma.

FIGURA Nº 251: Esta firma corresponde al Profesor D. Mauricio Xandró, y como se puede observar denota gran madurez, optimismo, sinceridad. Sin embargo se aprecia como si quisiera arrancar algo del pasado... Humildad. Existe un dato muy importante a la hora de valorar esta firma, y es cómo enlaza la letra "d" con la siguiente. Este Profesor tiene una lógica arrolladora... una creatividad fuera de lo común y una gran originalidad.

FIGURA Nº 252

FIGURA Nº 253: Firma verdaderamente impresionante por su madurez, espiritualidad, don de gentes, creatividad, sinceridad y optimismo También podemos observar que aún persisten los últimos coletazos del Complejo de Inferioridad (véase la línea que subraya el nombre y apellido). Y por último vemos que tanto el nombre como el apellido están unidos lo que significa que no existe disfunción ente el "Yo" íntimo y el "Yo" social, es como un todo, donde el trabajo es una continuación de la vida familiar.

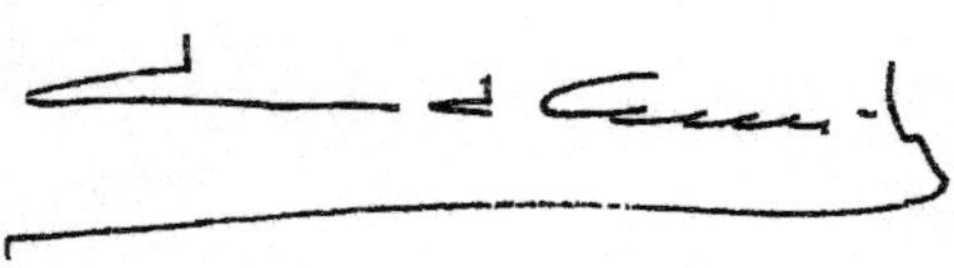

FIGURA Nº 254

Figura nº 255: Esta persona ha llegado a la meta dorada de la superioridad. ¿Cómo lo observamos?, pues por la ausencia de rúbrica... Algunos autores sostienen que a más rúbrica menos personalidad, pero yo no estoy de acuerdo con ello. Yo opino que a menos rúbrica menos defectos como lo que ya hemos estudiado anteriormente...

Figura nº 256

Figura nº 257: Similar a la figura nº 255

Figura nº 258

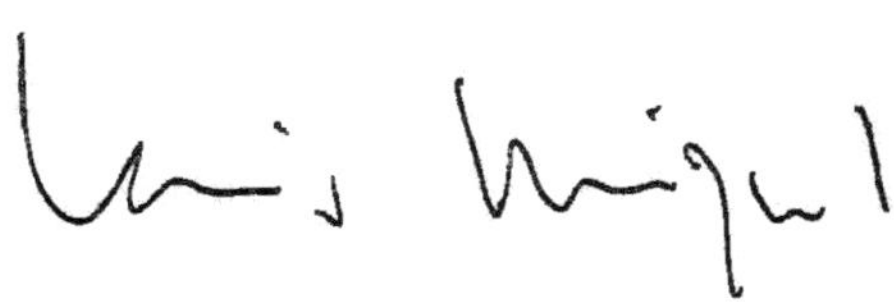

Figura nº 259

Figura nº 260

Figura nº 261

FIGURA Nº 262

FIGURA Nº 263

FIGURAS NÚMS. 262 y 263: Estas dos personas tienen un elevado nivel de autorrealización, aunque aún persisten los últimos coletazos del Complejo de Inferioridad.

FIGURA Nº 264

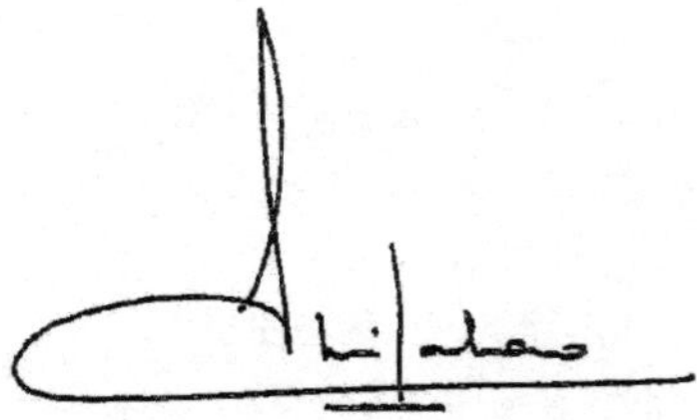

FIGURA Nº 265: Firma elegante, clara, inteligente, aunque con un poquito de orgullo, y una pequeña dosis de soledad íntima.

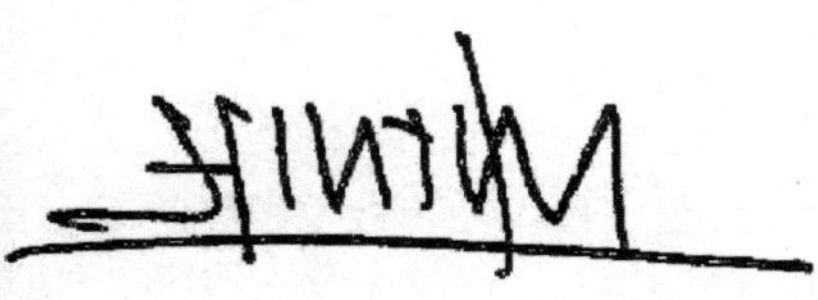

FIGURA Nº 266

FIGURA Nº 267

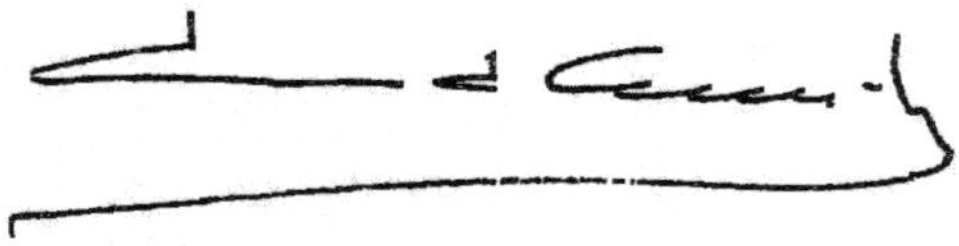

FIGURA Nº 268

FIGURA Nº 269: Se vive intensamente el lado familiar, existe cierta reserva en el plano social, pero se puede considerar una firma superior.

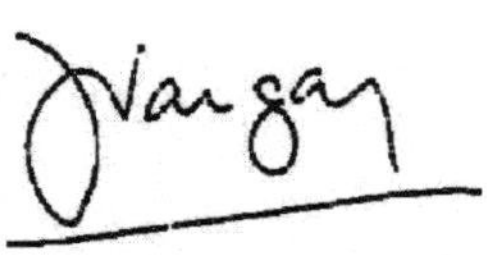

FIGURA Nº 270: Gran madurez en todos los aspectos. Fuerte carga sexual (véanse las curvaturas inferiores, sobre todo la "g").

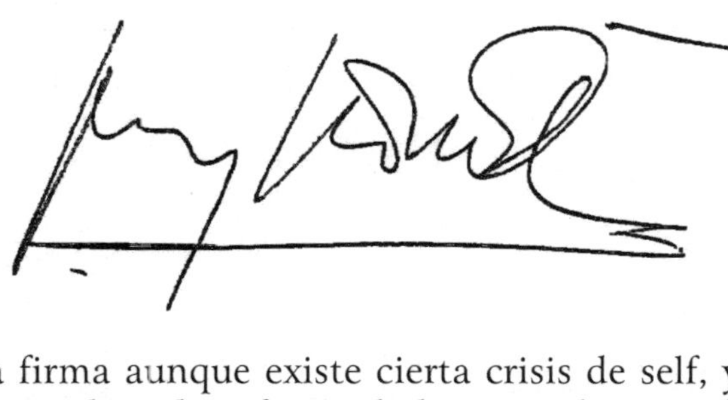

FIGURA Nº 271: En esta firma aunque existe cierta crisis de self, y un pequeño componente del complejo de inferioridad, se puede considerar superior, y es que es muy difícil encontrar personas que estén liberadas absolutamente de todos los defectos...

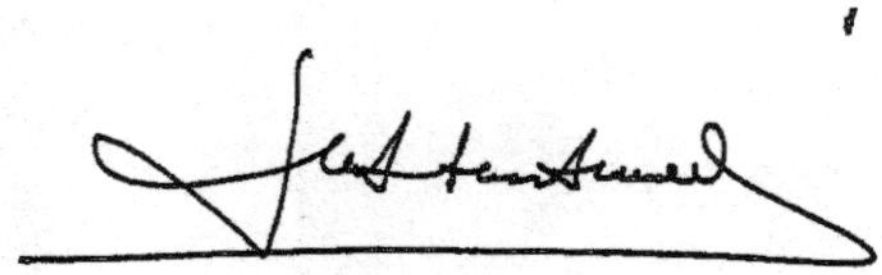

FIGURA Nº 272: Ciertas dosis de vanidad. Excelente trabajador. Lo personal y lo socio-laboral permanecen unidos, cierta ilegibilidad, desafío ante el futuro. Aún perduran los últimos resquicios del Complejo de Inferioridad. Le gusta ser alabado con motivo de sus logros profesionales.

FIGURA Nº 273

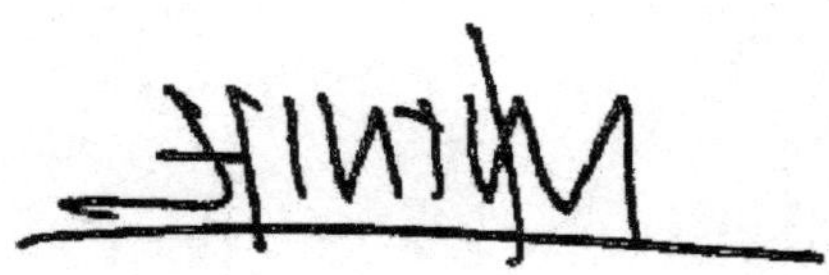

FIGURA Nº 274

FIGURA Nº 275

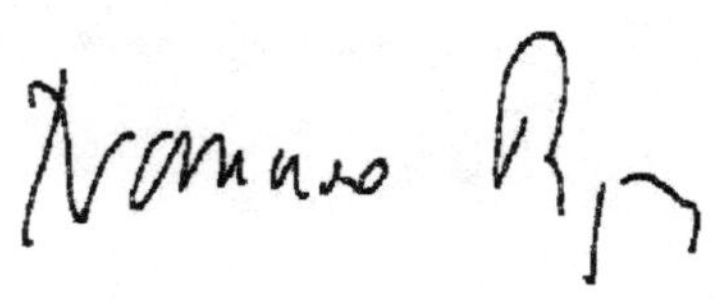

FIGURA Nº 276: Inteligencia, afabilidad, se vive el presente intensamente, nobleza, buena memoria, firma equilibrada = equilibrio personal. Autorrealización, madurez, excelente...

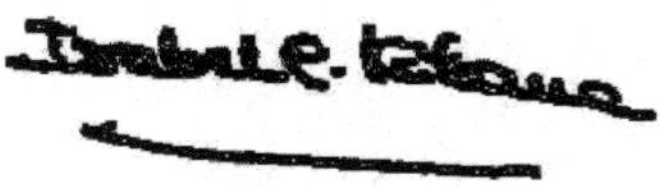

FIGURA Nº 277

FIGURA Nº 278

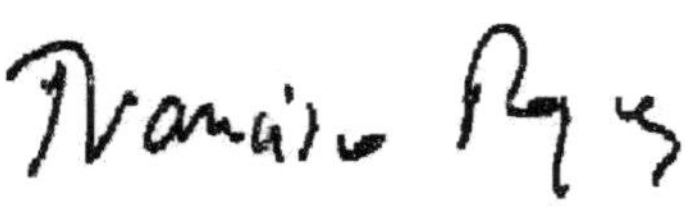

FIGURA Nº 279: Apreciamos aquí una firma que en el plano social tiene una dislocación (véase la separación entre las letras del apellido), sin embargo en el apartado familiar la persona se encuentra muy a gusto.

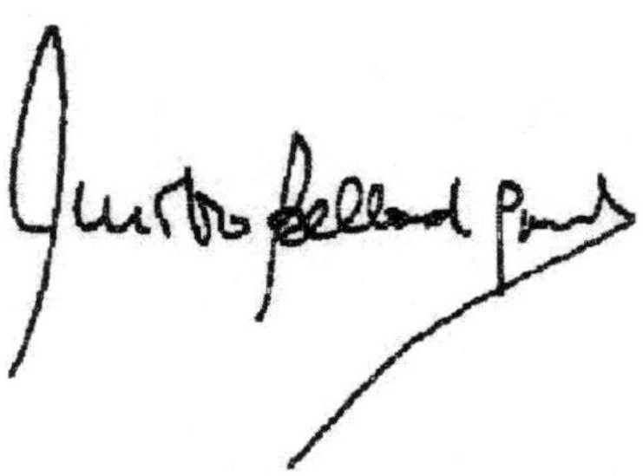

FIGURA Nº 280

FIGURA Nº 281

FIGURA Nº 282: Predomina la horizontalidad. Gran simplificación de las letras = inteligencia. Vemos un importante vacío social, y por último un gran desafío hacia el futuro.

FIGURA Nº 283

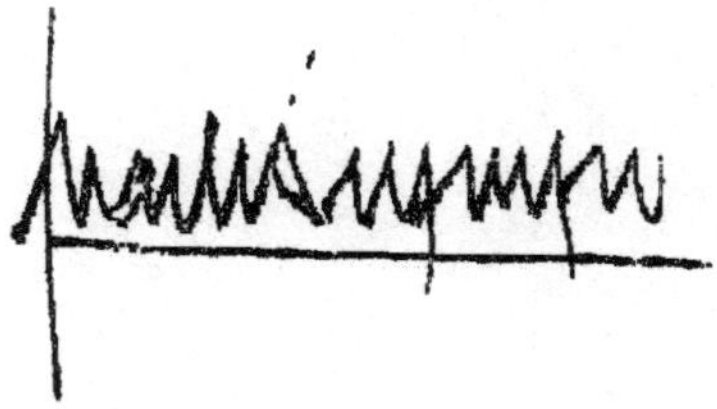

FIGURA Nº 284: Apreciamos aquí una magnífica firma. La letra angulosa significa energía y dinamismo, marcialidad. Predomina la horizontalidad con lo cual se parece un barco con la quilla con rumbo hacia el futuro. Ilegibilidad (crisis de identidad). Unión entre lo personal-familiar y la proyección socio-laboral. Dado que la firma evoluciona a lo largo del eje "X" (horizontalidad), todo tipo de personas con esta característica se encuentran muy enraizadas en su medio y en consecuencia resultaría muy difícil desequilibrarlas. Este tipo de firma (en horizontal) es a la que debe tender todo el mundo si desea conseguir la autorrealización, y por consiguiente la felicidad...

FIGURA Nº 285

FIGURA Nº 286

FIGURA Nº 287

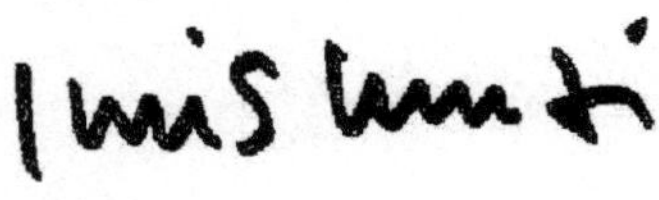

FIGURA Nº 288

FIGURA Nº 289

FIGURA Nº 290

FIGURA Nº 291

FIGURA Nº 292

FIGURA Nº 293: El primer monte de la inicial es superior que el resto = se cree superior a los demás, pero por otra parte observamos una firma con predominio de la horizontalidad, extremo éste muy positivo en base a lo que antecede. Al final de la firma observamos un decaimiento de las letras, ello puede deberse a cansancio físico, psíquico, o bien enfermedad...

FIGURA Nº 294: Las letras iniciales son un poco grandes, pero ello no quita importancia alguna a esta firma. Observamos también que la "R" se encuentra un poco separada del resto de las letras que componen el apellido ¿qué significaba esto?, pues si no es capaz de recordarlo puede volver "al capítulo del aislamiento social"...

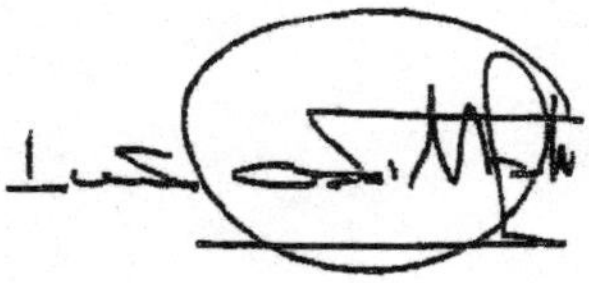

FIGURA Nº 295

FIGURA Nº 296

FIGURA Nº 297: Firma muy interesante, predominio de la horizontalidad. También se observan unas tremendas capacidades creativas. La mirada a lo alto, a la proyección filosófico-místico-espiritual esta muy desarrollada, (obsérvese la zona superior de la escritura). Personalidad muy madura, con gran empuje y grandes dosis de optimismo.

FIGURA Nº 298

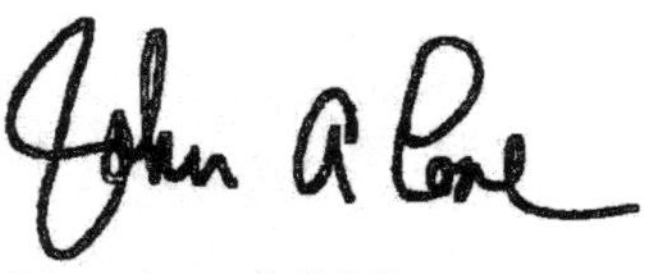

Figura nº 299

Figura nº 300

Figura nº 301

Figura nº 302: La letra "G" inicial es muy original = creatividad. Se vive el presente intensamente, toda vez que el pasado está completamente superado y no existe preocupación por el futuro. Intensa vida sexual (recuerde la "g" minúscula)

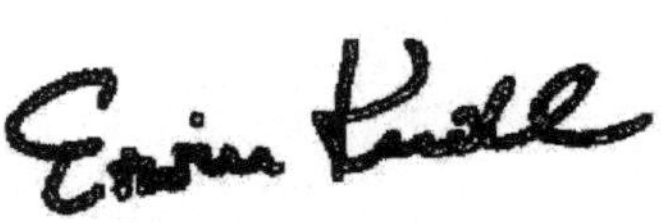

Figura nº 303

Figura nº 304

20

FIRMAS DE PERSONAJES ILUSTRES

Me ha parecido oportuno incluir un apartado de firmas ilustres. No he pensado analizar ninguna por respeto a los autores ya que muchos de ellos ya han fallecido y además ya los conocemos todos bastante... La verdad es que algunas de ellas son tremendamente impresionantes... La mayoría son legibles. También la mayoría no tienen apenas rúbrica, pero como quiera que a lo largo de la Obra ya hemos hablado bastante de todo esto pasen y veanı... !...

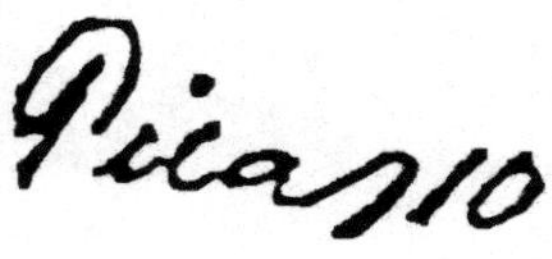

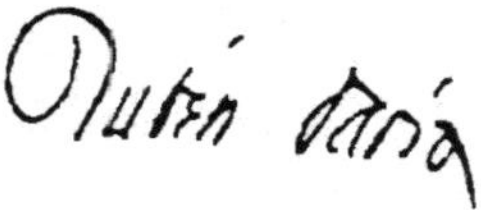

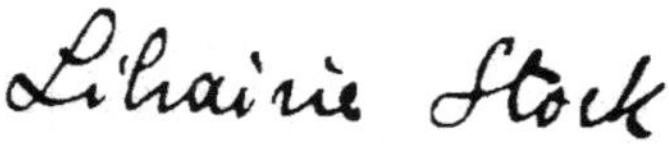

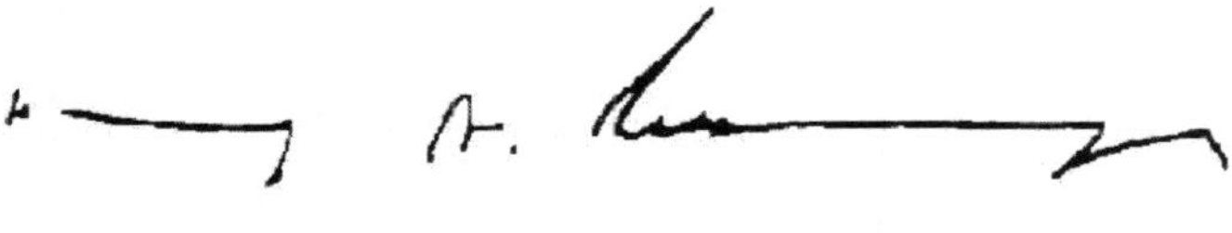

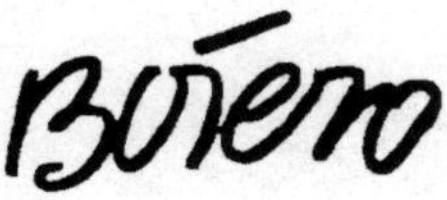

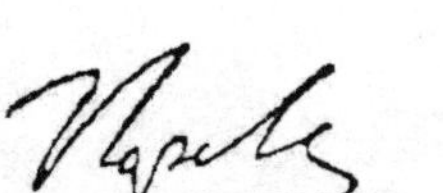

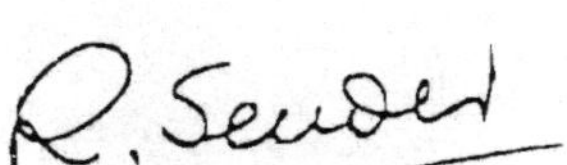

Victoria Vera

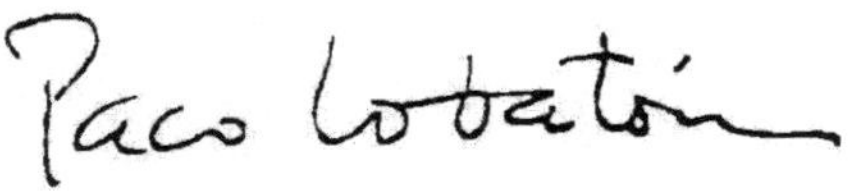
Paco Lobatón

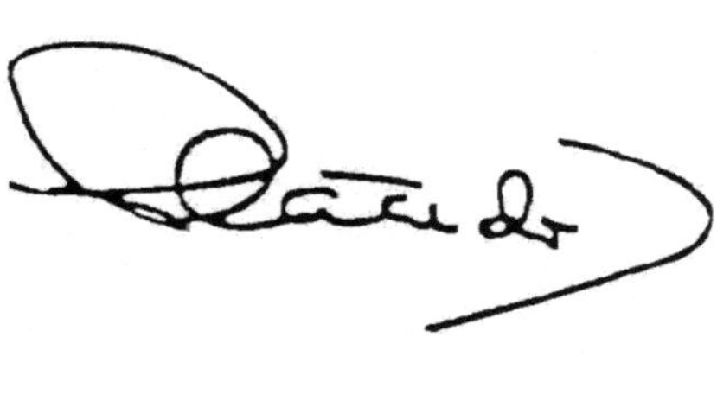

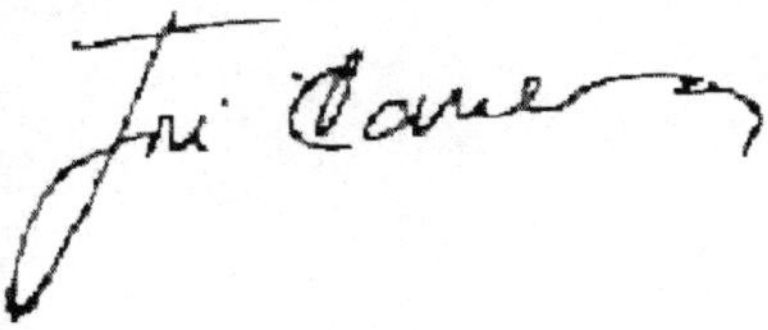

Isabel

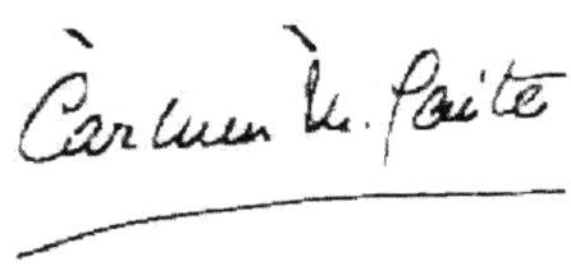

Thomas A. Edison

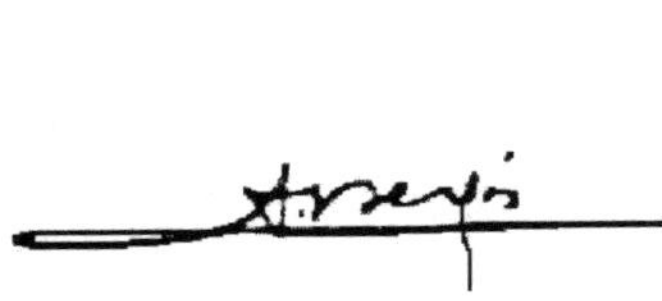

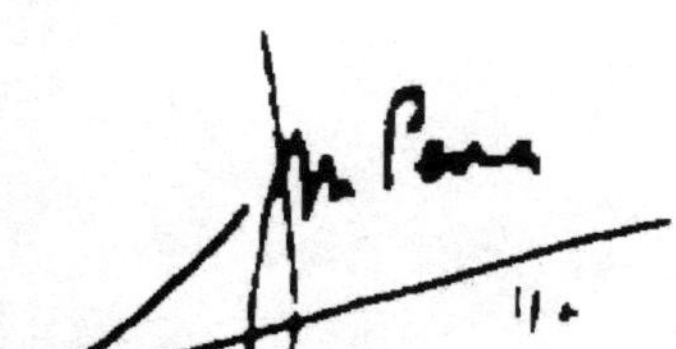

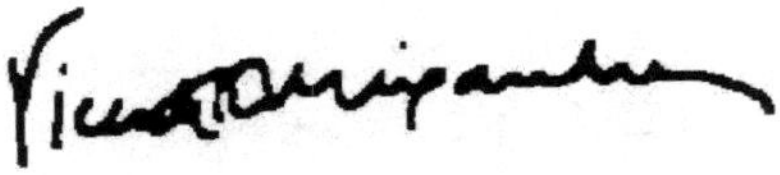

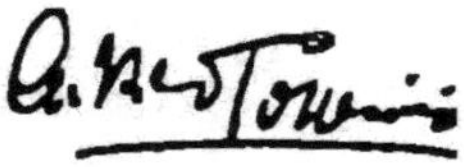

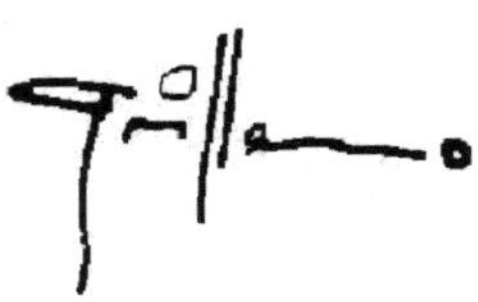

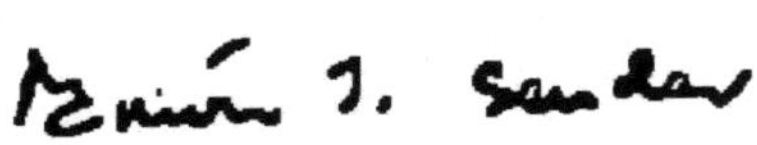

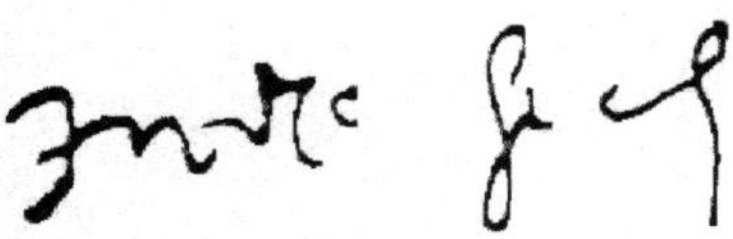

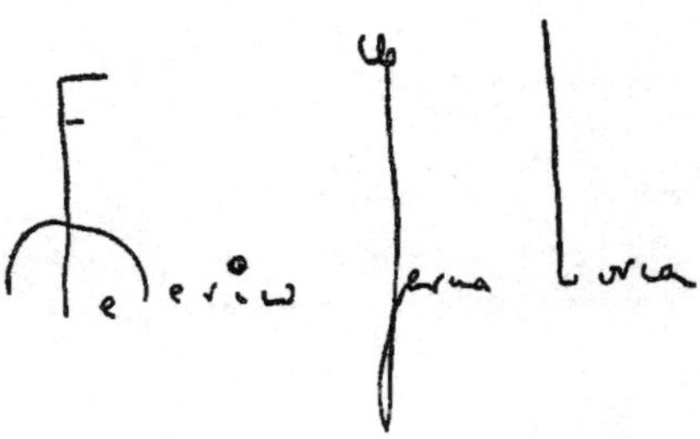

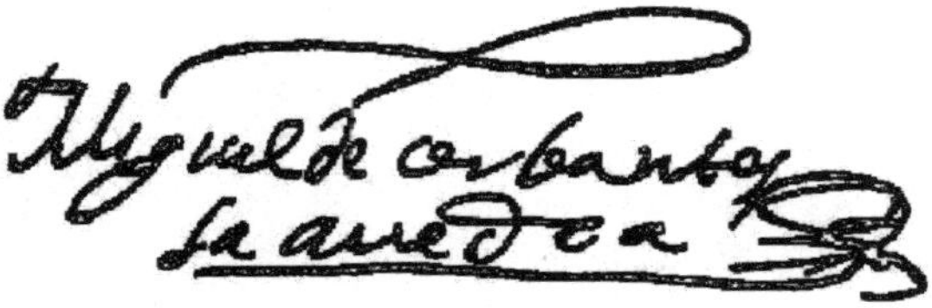

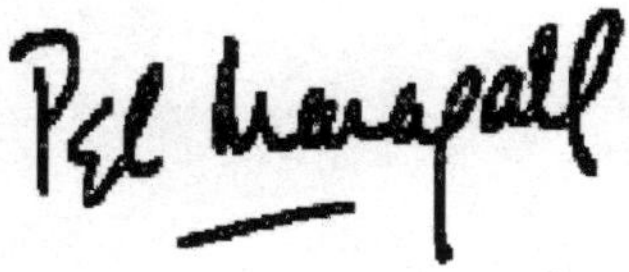

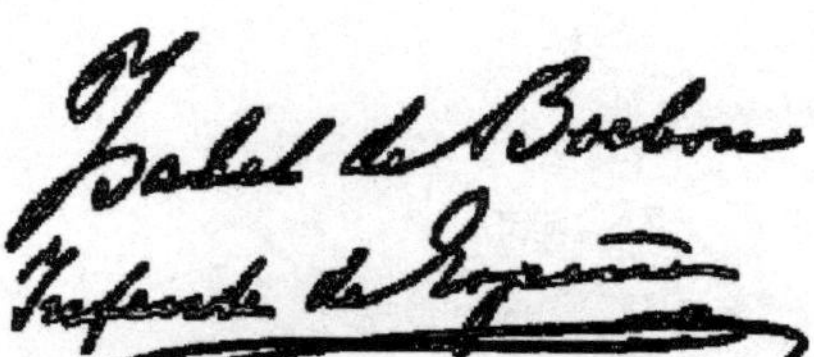

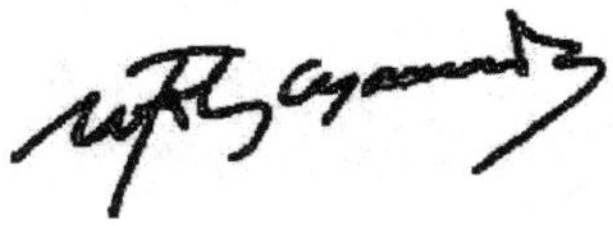

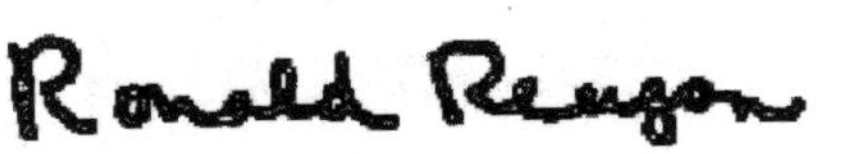

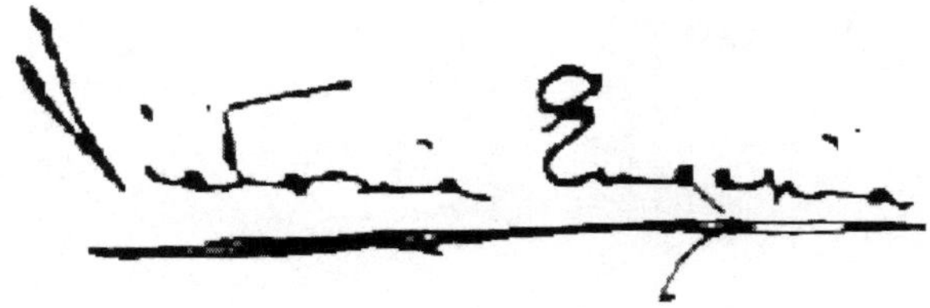

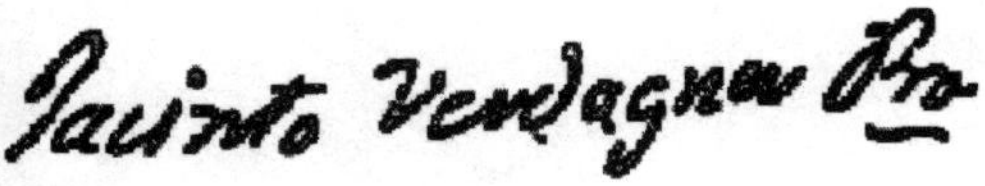

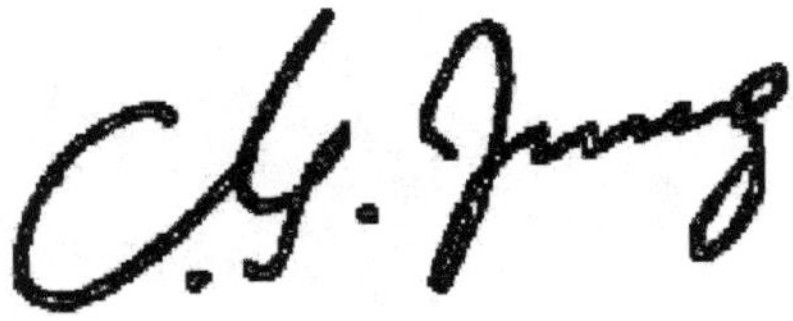

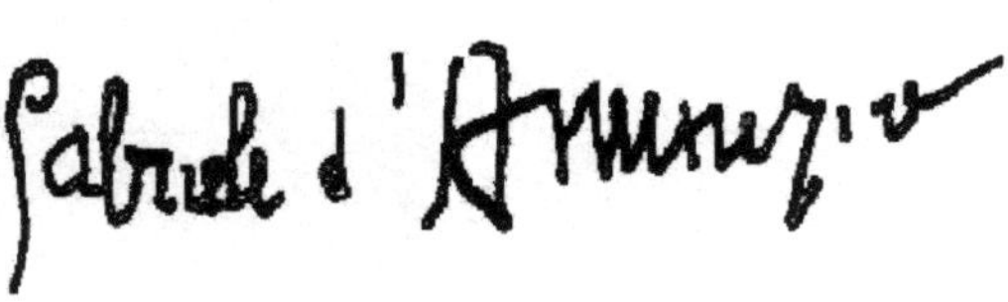

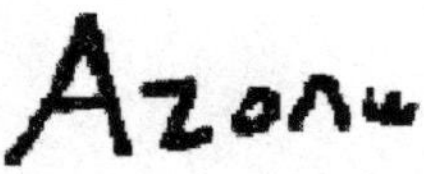

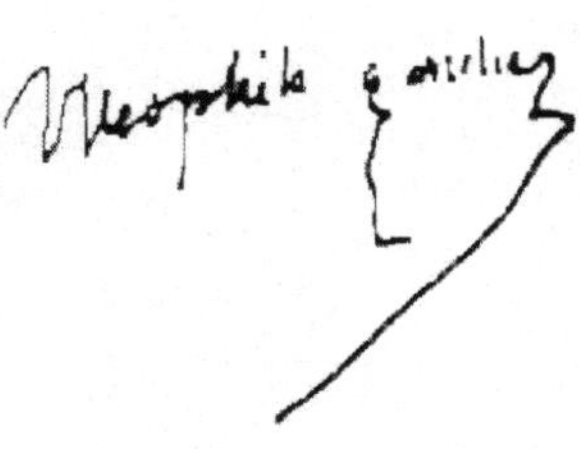

21

PROTOCOLO DE MODIFICACIÓN DE FIRMAS

Retomando ahora el "Asunto de la Grafoterapia" que veíamos al principio del libro, me dedicado durante mucho tiempo a investigar e investigar, a estudiar y estudiar, a observarme y observar a mis semejantes, y analizando a un grupo reducido de compañeros y amigos, incluso a mí mismo, **voy más allá**, y me he dado cuenta de que, **MODIFICANDO LA FIRMA CONVENIENTEMENTE, PODEMOS ERRADICAR COMPLETAMENTE TODOS LOS DEFECTOS A LOS QUE** ***"HE PASADO REVISTA... " ANTERIORMENTE.***

PROTOCOLO DE ACTUACIÓN EN RELACIÓN CON LA MODIFICACIÓN DE LA FIRMA

1º.- Ser consciente y sincero de los defectos que todos tenemos, para ello, se deben de pasar revista, no a galope de caballo, sino pausadamente...

2º.- Una vez identificados los defectos, conseguir relacionarlos con la firma, y obtener la información gráfica precisa para delimitar los rasgos gráficos que nos informan de donde se esconde cada defecto. Si nosotros mismos no somos capaces de llevarlo a cabo después de leer algún libro de grafología, recomiendo la ayuda de un Grafólogo.

3º.- Intentar buscar, con ayuda, una firma que nos guste, pero sin tachaduras, sin letras demasiado grandes, con predominio de la curva en lugar de la angulosidad, así mismo con predominio de la horizontalidad (eje "X"), sobre la verticalidad (eje "Y") y comenzar a identificarnos con la firma que hemos elegido. Para ello deberemos de repetirla por lo menos 100 veces al día durante un año, y después de ese tiempo comenzaremos a obtener los primeros resultados, tan sorprendentes como impresionantes...

4º.- A continuación y después de que nos analice la evolución algún grafólogo, seguir perseverando en el estudio de nuestro defectos y seguir y seguir firmando (cambiar las firmas del D.N.I. y de las tarjetas de crédito). Una cosa muy importante, estoy completamente seguro de que cada vez que pensamos en los defectos, éstos pierden energía, así que con la terapia de la firma y nuestra voluntad y constancia alcanzaremos en no mucho tiempo la meta dorada de la autorrealización y la superioridad, y con ello por supuesto la **"tan ansiada felicidad"...**

22

LA PROYECCION DE LA GRAFOLOGIA EN EL DEPARTAMENTO DE PERSONAL DE LA EMPRESA

Realizado por D. Jesús González González.

INTRODUCCION

Entre las funciones que desempeña el departamento de personal de la empresa se encuentran:

- La definición de la estrategia sobre recursos humanos.
- La planificación de los recursos humanos.
- La organización y valoración de puestos de trabajo.
- Contratación, mantenimiento y desarrollo de los recursos humanos.

Todas tienen como denominador común el que se tienen que desarrollar con lo que es la complejidad real de la empresa: “El factor humano”.

El hombre es complejo porque su mente es compleja, y ello se puede observar por ejemplo, en lo que es el soporte físico de la misma: “el cerebro”, que con aproximadamente 1.400 gr. tiene sólo en la corteza 10.000 millones de neuronas. Cada neurona puede establecer hasta 10.000 conexiones interneuronales (sinapsis) y si además observamos que cada neurona está dotada de sus correspondientes orgánulos celulares nos podemos hacer una ligera idea del “orden de complejidad” que tiene esta maravillosa máquina, ya que, cada segundo se producen en ella cientos de millones de reacciones químicas.

No cabe duda de que esta característica de la mente y su estado, influyen notablemente en el rendimiento del trabajador. Estos aspectos, aunque de hecho vienen recogidos en todos los manuales editados relativos a esta materia, en la práctica, en las empresas no se les presta la debida atención, y esto es un gran error.

Por ello, y con objeto de intentar conocer y en consecuencia mejorar el rendimiento del trabajador, se podría abordar el estudio del estado de la mente bajo dos puntos de vista diferentes:

• El primero, sería el de la salud, entendiendo por salud no la ausencia de enfermedad, sino el bienestar físico, psíquico y social, este estado según la definición de la O.M.S. es casi utópico, ya que es muy difícil de alcanzar. Bajo este punto de vista se encontrarían todo tipo de patologías mentales cuyo tratamiento correspondería a los especialistas en cuestión, bien psiquiatras, bien psicólogos clínicos o bien una terapia mixta. Este aspecto se menciona toda vez que muchas de estas enfermedades se podrían diagnosticar desde el Departamento de Personal de la Empresa.

• El segundo, sería el estudio de la mente, pero en este caso, bajo el punto de vista del grado de afectación de los defectos humanos, es decir, como afectan a la misma y a la "razón" por ella generada, los defectos humanos, o también llamadas zonas erróneas, o agregados psíquicos. Estos defectos no son más que los que se conocen comúnmente, más algún otro que presenta una mayor complejidad en su definición. El orgullo, el engreimiento, la vanidad, la envidia, la codicia, sentimientos de culpabilidad por el pasado, preocupación por el futuro, el odio, el rencor, el materialismo, complejos no superados, etc. Todos estos defectos nublan y distorsionan la percepción de la realidad en función directa de la dimensión que tenga cada uno; es como si se pusieran a la mente una serie de velos, unas veces más finos y otras veces más gruesos, los cuales impedirían ver la realidad con total nitidez y esto, en muchos casos, hace que muchas personas vivan como auténticos desgraciados.

Todos estos defectos "siempre" son nocivos para nosotros, que en la mayoría de los casos, cuando nos toca pasarles revista, somos tan orgullosos que "lo hacemos a galope de caballo". (Aquí cabría la excepción del complejo de inferioridad, ya que, los efectos de este complejo bien canalizados pueden servir a muchas personas de energía propulsora encaminada a trabajar duro para conseguir la autorrealización).

En muchas ocasiones las consecuencias de las acciones de personas "dominadas" por estos defectos, han sido catastróficas, (según el dicho inglés "People say: that before one know a man well one must have eaten a pound of salt with him" "la gente dice que antes de conocer bien a un hombre, uno tiene que haber comido una libra de sal con él") y por ello se deberían articular los mecanismos de control necesarios para evitar este tipo de situaciones. Para poder llevar a cabo lo anteriormente expuesto, se podría crear dentro del departamento de personal de las empresas un gabinete de **grafología** con una doble función:

— Por un lado la función de selección de personal.

— Por otro lado, el seguimiento y evolución del personal que forma parte de la empresa.

Pero antes de abordar el estudio de estas dos funciones veamos qué es esto de la Grafología.

La grafología se podría definir de muchas maneras. No obstante, por ejemplo, el profesor Mauricio Xandró, a veces la denomina como "este edificio conjetural CIENCIA-ARTE". También es digna de mención la definición dada por Matilde Ras, en este caso no a la grafología, sino al objeto de estudio de ésta, que es la escritura: "La escritura es el espejo encantado donde se refleja la Faz misteriosa del Alma".

En cuanto a la segunda definición, cabe señalar que puede resultar muy poética, pero la escritura no es que sea precisamente un espejo encantado; la escritura es un test proyectivo totalmente real donde se proyecta el estado del alma humana en los signos impresos en papel.

Por tanto, la grafología se dedica al estudio de la escritura y como la escritura es un test proyectivo resultado de la situación en que se encuentra el alma humana en ese momento, conociendo los "secretos" de esta ciencia, podemos llegar a profundizar en el conocimiento del hombre. Pero no sólo podemos conocer al hombre, podemos también cambiarlo. ¿Cómo?, pues muy fácilmente liberándolo poco a poco de estos defectos que se han mencionado anteriormente en este sentido, tendríamos que poner una meta a alcanzar, una referencia moral, que bien podría ser la siguiente cita extraída de la filosofía oriental: "**El que vence a los demás es poderoso, el que se vence a sí mismo, es invencible**". No cabe duda que es de las metas más altas que se puede poner un ser humano, pero también en este sentido se puede mencionar que cómo llegar a esta meta supone recorrer un largo camino, existe un refrán castellano que dice: "¿Quién ara? el que no para".

En consecuencia, lo que se pretende con este trabajo es el plantearse el introducir en los departamentos de personal de las empresas un potentísimo, innovador y revolucionario instrumento de trabajo que permita una mejora generalizada del factor humano, basado todo ello en una nueva concepción filosófica de la empresa, que tendría como apoyatura científica a la disciplina de la grafología.

BREVE HISTORIA DE LA GRAFOLOGIA

El capítulo II del libro denominado Grafología Superior, escrito por el profesor Mauricio Xandró, está dedicado a la historia de la grafología, y dado el importante contenido que en él se observa, a continuación se transcriben algunos párrafos de interés.

Podemos decir sin temor a equivocarnos que, esencialmente, la Grafología es tan antigua como el primer escrito trazado por mano de hombre.

Sabemos que en Egipto la escritura era considerada como algo sagrado. En China incluso se le tributaba un culto especial. Los libros sagrados escritos a manos se consideraban como auténticos ídolos reflejo de la divinidad.

Se ignora la antigüedad de las leyes grafológicas chinas, pero sí que hallamos muchos puntos comunes con nuestras propias leyes:

"Los trazados rígidos indican energía, las rayas dobles perseverancia y las rayas que se cruzan contradicción."

En Japón, desde tiempo inmemorial, se cultiva la Grafología rudimentaria. De los rasgos gráficos los magos japoneses han aprendido a hallar el carácter. Se sirven de rayas trazadas con tinta sobre papel a modo de palotes. Según la longitud, rigidez, inclinación, dirección, etc., determinan el modo de ser de la persona que se somete a la prueba.

Dicen que trescientos años antes de Nuestro Señor Jesucristo, el filósofo griego Demetrio de Falera, decía en Atenas:

"La letra expresa el alma."

Cita tan remota, que lo mismo podría referirse al decir "letra" al rasgo gráfico que al sentido del texto, aparte de que sabemos que ambas manifestaciones reflejan nuestro modo de ser.

El historiador romano Suetonio, el que nos ha narrado la epopeya de los doce Césares, dice, refiriéndose a la letra del Emperador Augusto:

"He observado en la letra de Augusto, que no separa las palabras y que no pasa a la línea siguiente las letras que le sobran al final de una líneas, sino que las coloca debajo, envueltas en un rasgo". No añade ningún comentario a esta observación como pretenden algunos, y menos de índole interpretativa psicológica.

Estos indicios en manos de un grafólogo son muy expresivos para hablar del carácter de Augusto, pues revelan la personalidad -una faceta saliente al menos- del Emperador.

Durante la Edad Media, antes de la invención de la imprenta, el arte de escribir no se extiende y aun los grandes señores de la época no escriben y sus firmas son la escueta cruz de los analfabetos. Cultivan la escritura casi exclusivamente los monjes hasta que al crearse las universidades se extiende la cultura y también la necesidad de comunicarse y escribir, hecho que ocurre después del Renacimiento.

La primera cita, propiamente grafológica, la hallamos en el siglo XV, que es cuando empieza a decirse por Europa:

"Poner los puntos sobre las *íes*."

Con ello se quiere expresar la completa puntualización, la precisión total de los extremos que conciernen a un asunto. Significación grafológica de acuerdo con nuestras leyes interpretativas. El mismo sentido puede darse al dicho popular:

"No falta una jota."

Que careciendo de sentido para nosotros lo tenía para los griegos ya que la jota era la letra más pequeña de su alfabeto.

Shakespeare pone en boca de uno de sus personajes:

"Dame un escrito de mujer y te diré cómo es ella."

Nada hace pensar que se refiriese a las formas gráficas y sí es más probable que quisiera fijarse en el sentido del texto, en lo que se dice, no en cómo se dice, que varía fundamentalmente las leyes grafológicas.

Desde el principio del tiempo se fueron transmitiendo pensamientos y citas, indiscutiblemente un cúmulo de conocimiento, que se plasmaron en forma de libro ya en el siglo XVII. Libro que puede considerarse el primero del que tenemos noticia.

En el año 1.622, Camilo Baldo, profesor de Filosofía de la Universidad de Bolonia, edita en Capri (Italia) *Trattato come de una lettera misiva si cognoscano la natura e qualitá dello scrittore.*

Este libro debió de tener gran éxito, pues Odoucet relata que en París se encargó a un extranjero que hiciese un estudio de la escritura de Luis XIV, aparte de que se registren otros trabajos y escritos grafológicos de ese momento.

También sabemos que alcanzó el honor de ser traducido al latín. Y en lengua francesa se hicieron dos traducciones, una, la primitiva, debida al Abate Michón, en 1.876, y otra más reciente hecha por el grafólogo M. J. Depoin, ésta última más cuidada. De ella extraemos lo que sigue y que transcribe también J. Crepieux-Jamin en su obra *La escritura y el carácter.* Ed. Jorro. Madrid.

"Decid a una persona que de la lectura de una carta íntima puede inducirse un conocimiento exacto de los pensamientos, de las costumbres y de la disposición de ánimo de quien la escribió y su primer movimiento será de hilaridad, o, por lo menos, de profunda estupefacción. Y. no obstante, si se dignase reflexionar que todo efecto proviene de una causa, a la que se conforma, se vería obligada a convenir que no es imposible lo que dice el viejo proverbio: *conocer al león por la uña."*

La segunda obra de que tenemos noticias nace igualmente en Italia, se debe al cirujano Marco Aurelio Severinus, profesor de la Universidad de Nápoles, cuyo título *Vaticinator, sive Tractatus de divinatione litterali. (Adivinador o Tratado de la adivinación epistolar).* Este título recuerda algo el subtítulo de la obra de Baldo *De divinatione epistolaris.* Severinus fallece de la peste en el año 1.656 y su obra se pierde.

En 1.678 se publica, por autor desconocido, en el *Mercure Galant, Carta a Madame de ... sobre indicios que pueden sacarse de la manera de escribir de cada persona.*

Esta carga, relacionada sin duda con la Grafología, que hacía presentir en su autor un fondo de interesantes conocimientos queda relegada, inexplicablemente, al olvido.

Por esta época, tal vez unos años más tarde, leemos en el filósofo alemán Gottfried Wilhelm LEIBNIZ (1.646-1.716) unos aspectos que debemos considerar:

"También la escritura expresa, casi siempre, de una u otra manera, el temperamento natural, a menos que no proceda de un maestro." Refiriéndose en esta observación probablemente al impenetrable modelo caligráfico o escolástico de la época, totalmente impersonal.

En 1.972 otro alemán Johann Christian A. GROHMANN (1.764-1.847), profesor de Filosofía y Psicología en Wittemberg y Hamburgo trató de dar una explicación fisiológica al hallazgo del carácter en la escritura. Peca de iluso al querer ver en la letra la forma física del cuerpo, el color del cabello, de los ojos, etc.

Tenemos algunos retazos epistolares de los grandes hombres que nos hablan de los esfuerzos iniciales por madurar la ciencia de la escritura. Johan Wolfgang von GOETHE (1.710-1.782), escritor y filósofo alemán, se interesó por la escritura y sabemos que escribió a LAVATER en estos términos:

"... se trata más de una cuestión de instinto que de una ciencia clara, con reglas precisas ... como la cosa es extremadamente complicada, y como cada cual duda del punto en que debe encontrar el hilo de Ariadna que puede llevarle fuera del laberinto no hay modo de hablar de este tema si no se ahonda en él seriamente.

"Entre tanto, tened lo que os digo hoy como una demostración del simpático interés con que veo estas investigaciones, animándoos a continuar recogiendo documentos."

La carta que acabamos de reproducir en parte, fue el punto de partida para el suizo Johann Kaspar LAVATER, reconocido mundialmente por sus estudios de Fisiognomía y menos conocido como pastor protestante y párroco. Nació y murió en Zurich (1.741-1.801).

A raíz del escrito de Goethe, que hemos transcrito, Lavater estaba estudiando su gran obra sobre Fisiognomía: *Physiognomische Fragmente zur Beförderung der Menschkenntnis und Menschenliebe,* y le interesaba todo aquello que estuviera relacionado con las manifestaciones exteriores del carácter. Coleccionó autógrafos y basó más razones que leyes.

"La personalidad de un pintor -dice- se revela en sus cuadros y no puede dejar de revelarse también en su escritura."

Es interesante el estudio de Lavater sobre la diferenciación de los rostros y los escritos nacionales.

Tal vez su mayor mérito se resuma en estas dos confesiones literales de su modo de pensar y del papel que ha desempeñado en la historia de la Grafología:

"Una idea aún que abandono a la consideración de los que, como yo, observen: he notado, en la mayoría de los casos, una admirable analogía entre el lenguaje, la marcha y la escritura."

"Limito mi ambición -decía él mismo- a preparar materiales para los siglos venideros."

El francés J. Louis Moreau de la Sarthe (1.771-1.826), profesor de la Facultad de Medicina de París, editor de Lavater en 1.806, añadió al capítulo referente a la escritura observaciones muy precisas que son auténtica Grafología elemental. Esta importante aportación grafológica suponía unas veinte páginas.

Otro destacado precursor de la Grafología es Eduardo Hocquart, belga (nacido en Tournay, el 18 de julio de 1.787 y muerto en París en 1.870), literato, autor de los siguientes libros:

- *La Morale en Actions.*
- *Petit Dictionnaire de la langue française.*
- *Physionomie des hommes politiques;* esta última con algunas páginas dedicadas a la Grafología. Sin embargo lo que le hace pasar a la historia de la Grafología es:
- *L'Art de juger de l'esprit et du caractère des hommes et des femmes sur leur écriture.*

Su aportación es de tanta importancia que aun hoy supone un elevado interés, ya que explica con todo género de detalles lo relativo a los gestos, más allá de lo que se dice.

En este libro no aparece su nombre y se ha dado en algunos autores por obra anónima y atribuida a él. J. Crepieux-Jamin tuvo la fortuna de conocer a unos familiares de Hocquart que le confirmaron, sin lugar a dudas, la paternidad de esta obra. Se conocen dos ediciones, ambas hechas por SAINTIN en París, lugar donde vivió este escritor.

En 1.823 el inglés Stephen Collet (Thomas Byerkey) se fijó en la escritura, al referirse a las *signatures caractèristiques.*

Edgar Allan Poe, también practicó la Grafología puramente intuitiva. Coleccionaba autógrafos, y guiado del sentimiento, realizó algunos esbozos psicológicos.

Walter Scott nos ofrece acertadas conclusiones grafológicas:

"... La letra muy regular, pero muy pequeña y apretada, indica a un hombre de una conciencia pura, que sabe dominar sus pasiones ... " (*El manuscrito*, capítulo II).

Hacia 1.830 se fundó en Francia la primera escuela de Grafología. Figuraban en ella, entre otros:

- El Padre Martín, S.J.
- M. Boudinet, Obispo de Amiens.
- El Cardenal Regnier, Arzobispo de Cambrai.
- El Abate Flandrin (1.809-1.864). Este último, además de miembro de la naciente escuela, es iniciador y maestro del Abate Michón, de quien nos ocuparemos más adelante.

En 1.863, M. Henze, colaborador de *Gazette de Leipzig*, derrochaba ingenio en sus contestaciones a los consultantes. Pasa a la historia de la Grafología por su obra *Chirigrammatomancie*.

En 1.871 se funda la *Société de Graphologie de París*. Se debe esta iniciativa al Abate Michón (Juan Hipólito Michón, 1.806-1.881), que un año más tarde publica la obra más importante escrita hasta el momento:

Les mystères de l'ecriture, con prólogo y alguna pequeña colaboración de Desbarrolles, el quiromántico.

Ambos pretenden ser los descubridores de esta nueva ciencia y surgen entre ellos diversas e interminables disputas.

El amor propio herido de Michón le lleva a publicar sin colaboración alguna su *Système*. Funda el año anterior, como se ha dicho, la Sociedad Grafológica y la revista que aún persiste en nuestros días. Escribe numerosas obras, da conferencias y termina por colocar la primera piedra formal en el edificio de la Grafología universal. A él debemos no sólo el nombre de GRAFOLOGIA, sino también el primer estudio serio y sistematizado de las escrituras.

¿PARA QUÉ SIRVE LA GRAFOLOGÍA?

La respuesta ya está dada: para el estudio de los planos más profundos de la personalidad humana, y a la vista de esta definición, esta ciencia tiene ilimitadas posibilidades. Entre ellas se podrían nombrar las siguientes:

- Autoconocimiento y, en consecuencia, perfeccionamiento.
  No cabe duda de que aquella frase que se encuentra en el Templo de Delfos: "Hombre, conócete a ti mismo y conocerás el Universo y a los Dioses", es de gran calado, ya que no es nada fácil conocerse a uno mismo, y en este sentido, con la ayuda de la grafología, se puede penetrar de una forma fácil, directa y nada peligrosa en nuestra alma, para así poder conocerla, y en consecuencia, perfeccionarla.

- Selección de personal, ascensos, seguimiento y evolución del personal...
  La aplicación de la grafología a este campo requiere un exquisito cuidado, ya que una ciencia de esta naturaleza, es decir, con tal poder de conocimiento sobre los demás en manos malévolas, puede provocar unos resultados totalmente desastrosos.

- Formación y conocimiento de educandos.
- Orientación profesional o vocacional.
- Relaciones públicas.
- Conocimiento y dirección de Alumnos.
- Prevención de enfermedades.
- Prevención de accidentes de trabajo.
- Departamento de ventas.
- Conocimiento de clientes y proveedores.
- Compatibilidad de los diferentes grupos de trabajo de la empresa.
- Seguimiento de pacientes a distancia, mediante el correo, fax, etc.

PROYECCION DE LA GRAFOLOGIA EN EL DEPARTAMENTO DE PERSONAL DE LA EMPRESA

Retomando el asunto desde la doble función del Gabinete de Grafología, a continuación se exponen los mismos.

Con frecuencia observamos en las múltiples ofertas de trabajo que se anuncian en los distintos medios de comunicación lo siguiente: "los demandantes de empleo deben remitir el currículum vitae de puño y letra"; y ello es, ni más ni menos, para realizar una primera criba de los demandantes de las ofertas de trabajo a través de la grafología.

Posteriormente, algunas empresas suelen realizar test psicotécnicos, y por último, unas interminables entrevistas.

Todo este proceso, cuando se presentan un gran número de aspirantes se puede hacer muy largo, y la verdad es que se tienen dudas sobre la eficacia de los test psicotécnicos, ya que el resultado de los mismos está condicionado por el principio de incertidumbre de Heisenberg.

Por ello, se podría plantear la forma de realizar todo este proceso de una forma más ágil y eficiente, que podría llevarse a cabo mediante la mecanización a través de un proceso informático.

La base de partida se puede situar en la filosofía clásica y la admiración que los números despertaron en los filósofos pitagóricos, por ello, la siguiente reflexión nos puede servir como un primer documento de trabajo para enfocar el planteamiento y posterior materialización de la idea antes apuntada.

¿TENIAN RAZON LOS PITAGORICOS?

Para los pitagóricos, la esencia de la naturaleza estaba expresada en números. Veamos si con estas líneas se puede demostrar algo de esta afirmación.

Para ello, consideremos un sistema de ejes coordenados en el cual situamos una partícula elemental "P_1" en el centro "O".

La partícula en cuestión estaría sometida a un número "determinado" de fenómenos naturales, los cuales están gobernados por las leyes de la ciencia que a su vez se traducen en ecuaciones diferenciales, esto es, relaciones entre una función y sus derivadas.

El efecto que todos y cada uno de estos fenómenos ejercen sobre la partícula, traerá como consecuencia una modificación del vector de posición de la misma, una modificación que se obtendría integrando las ecuaciones diferenciales.

En los intervalos t_2, t_3, ... t_n, se produciría otra modificación del vector de posición. Como se supone que se conocen todas las leyes de la Ciencia, mediante las mismas se podría predecir, no sólo la evolución de la partícula P_1, sino la evolución de un número "n" de partículas.

A la vista de lo anterior, no cabe duda de que los pitagóricos "tenían razón", es más, Galileo también dijo que el libro de la Naturaleza está escrito en lenguaje matemático y que todo fenómeno natural puede expresarse en ecuaciones matemáticas.

Ahora que ya disponemos más o menos de la idea intuitiva sólo falta encontrar los instrumentos adecuados que nos permitan materializar este proyecto. Básicamente, estos instrumentos serían por un lado, el potencial de cálculo de un programa informático basado en la geometría analítica y en el cálculo diferencial e integral que serviría para, a partir de la lectura de la escritura efectuada por un scáner, el ordenador ejecutaría el programa y archivaría en su memoria todos los resultados del cálculo de los parámetros que queremos obtener.

Pero aquí debemos tener en cuenta la definición de medir: "comparar algo con un patrón" y además, debemos tener en cuenta también el error que lleva asociado cada medida. En consecuencia, para elegir un buen patrón, habría que recurrir de nuevo a los clásicos, en este caso un coloso del pensamiento, Sócrates: **"la virtud es el justo medio entre dos extremos igualmente viciosos"**, ya que vamos a tener que, en cierta manera, "medir" la intensidad con la que actúan las diferentes virtudes y defectos sobre nuestra alma. Además, hay que tener en cuenta que, en el proceso de ejecución del programa se van a realizar miles y miles de cálculos y mediciones (distancia entre las letras, distancia entre las líneas, medición de los márgenes, pendientes de las líneas rectas, ecuaciones de las curvas, separaciones entre palabras y un largo etcétera). **"A modo de anécdota se puede decir con toda rotundidad que es posible observar si una persona está empezando a superar el pasado con sólo observar si esta función que aparece en su firma es derivable o no"**.

A la vista de todo lo anterior que puede parecer sorprendente, parece adecuado recoger la frase de George F. Simmons: **"En la cumbre de las matemáticas puras, cualquier argumento que pretenda ser una prueba, debe poder soportar las críticas severas de los expertos escépticos. Esta es una de las reglas del juego"**.

No es que nos encontremos en la cumbre de nada, sino simplemente que en este campo se debe estar acostumbrado a las críticas por el lógico desconocimiento que se tiene de una ciencia relativamente joven.

Una vez realizado el paquete de software, se procedería a introducir toda la información disponible de los demandantes de empleo, a continuación se introducirían los requisitos que se exigen para cubrir un determinado puesto de trabajo, y finalmente, "nos saldrían impresos los nombres de los candidatos más idóneos".

Dentro de la segunda función, se podrían incluir, entre otras, la sección de Juntas de evaluación para los ascensos, estudio continuo de las relaciones formales e informales del personal, todo ello enfocado única y exclusivamente a conseguir que cada miembro de la plantilla de una empresa pueda llegar a ser el mejor trabajador de los posibles, es decir motivar a los trabajadores para que sean capaces de emprender **la búsqueda del mejor "yo" de los posibles**. Como nos dice J. J. Rouseau en el Contrato Social, no se pueden generar más energías que las que existen, pero se pueden orientar y dirigirlas hacia un móvil común, que particularizada esta reflexión al caso que nos ocupa sería conseguir la mejor estructura empresarial de las posibles; así como la prevención de accidentes laborales y solución de los conflictos a nivel de personal que puedan plantearse en la empresa.

Las relaciones tanto formales como informales en la empresa son un foco importante de conflictos, para darse cuenta de ello no tenemos más que acercarnos a cualquier bar o montar en el autobús o en el metro. En muchas de estas ocasiones podremos escuchar los sorprendentes "calificativos" y tremendos disparates que se les suelen adjudicar a los jefes y también a los compañeros de trabajo. Pues bien, sin entrar en estadísticas ni en porcentajes, se puede decir con toda rotundidad que la mayoría de estos problemas que surgen pueden ser evitados por medio del diálogo, pero no con un diálogo relativo al tema social por excelencia: "el fútbol", u otros de similar "calado", todos ellos vacíos de contenido, sino un diálogo sincero y constructivo que nos permita apantallar la hipocresía que existe en casi todos los centros de trabajo.

Se podría decir sin temor a equivocarnos, que cuanto menos diálogo se entable ante los problemas que se plantean en un centro de trabajo, mayor será el número de "**puñaladas**" que se den entre los miembros de la plantilla en cuestión. Por ello, los directivos de las empresas por la trascendencia que tienen estos hechos dado el alto número de conflictos que generan y luchas intestinas que provocan deberían cuidar al máximo estos aspectos.

A la vista de todo lo anterior, no cabe duda de que con una aplicación racional, metódica y respetuosa con la intimidad y el honor del ser humano, de esta ciencia, se conseguiría una mejora generalizada del "Factor humano" toda vez que se mejorarían las relaciones tanto formales como informales, los flujos de información serían más sinceros y en consecuencia más creíbles. En definitiva, con la implantación de un sistema innovador de esta naturaleza se conseguiría dar un gran paso hacia adelante en aras de conseguir el centro de trabajo ideal.